高等院校艺术设计专业应用型新形态教材

PACKAGE
DESIGN

包装设计

主　编◎高彦彬
副主编◎曹天彦　陶玉涓

重庆大学出版社

图书在版编目（CIP）数据

包装设计 / 高彦彬主编. -- 重庆：重庆大学出版社, 2021.8

高等院校艺术设计专业应用型新形态教材

ISBN 978-7-5689-0453-7

Ⅰ.①包… Ⅱ.①高… Ⅲ.①包装设计－高等学校－教材 Ⅳ.①TB482

中国版本图书馆CIP数据核字（2017）第053046号

高等院校艺术设计专业应用型新形态教材

包装设计

BAOZHUANG SHEJI

主　编　高彦彬

副主编　曹天彦　陶玉涓

策划编辑：张菱芷　蹇　佳

责任编辑：姜　凤　　版式设计：琢字文化

责任校对：关德强　　责任印制：赵　晟

重庆大学出版社出版发行

出版人：饶帮华

社　址：重庆市沙坪坝区大学城西路21号

邮　编：401331

电　话：（023）88617190　88617185（中小学）

传　真：（023）88617186　88617166

网　址：http：//www.cqup.com.cn

邮　箱：fxk@cqup.com.cn（营销中心）

全国新华书店经销

重庆五洲海斯特印务有限公司印刷

开本：787mm×1092mm　1/16　印张：6.75　字数：183千

2021年8月第1版　　2021年8月第1次印刷

ISBN 978-7-5689-0453-7　定价：48.00元

序 / PREFACE

人工智能、万物联网时代的来临，对传统行业的触动与重组方兴未艾。各学科高度融合，各领域细致分工，改变着人们固有的思维模式和工作方式。设计，是社会走向新时代的首要领域，并且扮演着越来越重要的角色。对于设计人才，要适应新时代的挑战，必须具有全新的和全面的知识结构。

作为全国应用技术型大学的试点院校，我院涵盖工学、农学、艺术学三大学科门类，建构起市场、创意、科技、工程、传播的课程体系。我院坚持以“市场为核心，科技为基础，艺术为手段”的办学理念；以改善学生知识结构，提升综合职业素养为己任；以“市场实现”“学科融合”“工作室制”“亮相教育”为途径，最终培养懂市场、善运营、精设计的跨学科、跨领域的新时代设计师和创业者。

我院视觉传达专业是重庆市级特色专业，以视觉表现为依托，以“互联网+”传播为手段，融合动态、综合信息传达技术的应用技术型专业。我院建有平面设计工作室、网页设计工作室、展示设计实训室、数字影像工作室、三维动画工作室、虚拟现实技术实验室。

我院建立了“双师型”教师培养机制，鼓励教师积极投身社会实践和地方服务，积累并建立了务实的设计方法体系和学术主张。

在此系列教材中，仿佛能看到我们从课堂走向市场的步履。

重庆人文科技学院建筑与设计学院院长　张雄

2017年冬

前　言 / FOREWORD

近年来，由于社会不断发展，设计教育几乎遍及全国每一所高等学校，并为设计行业培养了大量专业人才。设计是一个游走于时代前沿的艺术专业，社会构架的改变、时代的进步、人类思维模式的变化都对设计行业产生了影响。随着以虚拟、智能、大数据等为代表的互联网技术的高速发展，设计行业在这些新技术的支持下更是不断地发生变化，包装设计也不例外。本书以传统包装设计理论为基础，结合当下互联网消费市场现状，对包装设计的新特点和形式规律进行分析。

本书在编写过程中，参考了相关专家、学者的研究著作以及学生的作品，在此，谨向这些作者和给予本书支持的人士表示衷心感谢。由于编者水平有限，书中疏漏之处在所难免，恳请读者批评指正。

编　者

2021年1月

教学进程安排

课时分配	导引	第一单元	第二单元	第三单元	合计
讲授课时	2	9	10	7	28
实操课时	0	9	20	7	36
合计	2	18	30	14	64

课程概况

“包装设计”是视觉传达设计专业的一门主干课程，涉及商标、文字、图形图案、版式设计等，是集合包装结构与视觉传达为一体的系统性设计工程。学生通过对包装设计与制作的训练，掌握产品包装的调研、创意、设计、制作的相关知识。

本书以服务产品包装设计行业岗位的实际需求为依据开设课程。选择知识内容的标准是依据产品包装的分类、基本功能、用途、设计与制作流程而设定。本书分为三个单元：第一单元从包装营销入手，讲解营销视角下的包装设计策略及设计原则与流程思路构建；第二单元从包装设计的视觉传达入手，讲解包装设计中各个视觉要素与设计手法的运用；第三单元进行了包装设计知识内容的深化和扩展，主要强调新时期包装设计的发展趋势新要求、新特点，更多地从电子信息技术、互联网等方面讲解包装设计的新趋势。

教学目的

通过对本书内容的学习，使学生对包装设计基础有一个系统而全面的认识；加深对包装的理解，并能建立起包装设计课程知识框架与结构；了解包装设计的特点和形式规律，强化学生的创新意识；树立正确的包装设计理念与设计方法，紧密联系实践，能完成产品包装的各项设计任务；具备独立完成包装设计的能力。

目　录 / CONTENTS

导引
初识包装

包装设计是一门集科技、生产力和艺术于一体的综合性交叉学科。包装设计随着人类科学技术的发展而发展，并与人类社会发展保持着紧密联系。每个时代，包装设计都有时代的烙印，映射出社会经济、政治、文化的发展水平。

包装主要以经济与科技为支撑。技术的革新、经济的繁荣、消费理念与行为习惯的改变都会使包装设计与生产方式发生巨大变化。在原始时期，包装所指的是对物品起到保存和保护的简单器物，其功能性简单且纯粹。随着社会发展，包装的知识体系也随之丰富起来。直到今天，包装已发展到了集品牌形象、环保公益、无障碍等诸多功能理念于一身的一门专项学科。而随着互联网时代的发展和人工智能时代的到来，包装也将迎来又一次华丽蜕变。

1. 农耕时代的包装状况

从远古时期开始，人类就已使用包装。早在距今一万年左右的原始社会后期，伴随着生产技术的提高，生产得以发展，出现剩余物品，而剩余物品又需必要的储存与交换，于是出现了原始包装。初始，人们用兽皮、树枝、藤条捆扎猎获物，用植物叶子、贝壳、竹筒、葫芦等天然材料包裹物品，这是人类最早利用自然的绿色包装。俗话说“不知葫芦里卖的什么药”，这里的“葫芦”就属于早期的绿色包装，葫芦外壳坚硬、保护性好，能起到良好的抗腐防潮作用，还便于携带。利用自然的包装起源早于陶器，但这些材料易腐蚀，很难将实物保存到现在。

原始包装的形态伴随着生产技术的提高，也在逐步进化与发展。最初是利用天然材料，随着原始人偶然的发现，人们学会用泥土进行烧制，便开始了制作包装阶段。原始农业对陶器的发展起到了助推作用，由于稳定的定居生活，生产出的陶器也正好迎合了储藏、烧煮、搬运、祭祀、陪葬等定居活动的多种功能需求，陶器不仅改善了人们的生活，而且陶器上的各种纹案也体现出包装除基础功能外开始具备初期的审美功能（图0-1）。

图0-1　古代手工艺包装盒与现代包装盒，折射出不同时期的包装，其包装内涵、功效也不同

约在公元前4000年，人类就开始进入青铜器时代。公元前3500年，仰韶文化中已经出现了铜，商周时期青铜冶炼技术进一步发展，青铜器也得以大量铸造，青铜壶、青铜罐的形态也逐渐多样化（图0-2、图0-3）。但由于统治阶级的统治需求，青铜器大多被作为礼器使用，直至春秋战国时期，青铜器逐步脱离礼器，开始融入人们的生活中。这一时期，人们还掌握了铸铁炼钢技术和制漆涂漆技术，铁制容器、涂漆木制容器大量出现。从对漆器起源的研究来看，漆器出现在陶器之后。商周时代，漆器工艺已具有了相当高的水平，但其发展比陶器、铜器要缓慢，这是因为漆器的发展需要用具有锯、削、刻功能的锐利铁器，同时还需要有大量的漆，所以漆器至战国时期才被大量使用。

图0-2　青铜盛器1

图0-3　青铜盛器2

在青铜时代，人们对包装的认识仅限于“包”或者“盛”，随着生产技术的提高，商业兴起，包装的作用开始发生变化。在春秋战国时期，各个商户之间出现竞争，商户为了吸引买主购买自己的商品，在商品的外包装上或镶嵌或留有某些印痕文字信息，对商品起到促销作用。自此包装不仅满足保护运输等基础作用，同时兼有促销、美观等作用。如漆器较陶器和青铜器轻盈许多，胎薄、坚固、光滑、容易装饰，在中国古代作为包装容器应用极为广泛，是其他容器无可比拟的（图0-4）。

图0-4　漆器

东汉蔡伦发明的造纸术和唐代雕版印刷术对商品信息的传播起到助推作用，也使包装再次发展，成本较低的纸逐渐替代了往日昂贵的绢、锦等包装材料。随着纸的不断改进，开始出现了不同类别的包装纸，以及防油、防潮的上蜡纸，纸的功能性被扩展。从隋唐时期的雕版印刷到宋代的活字印刷，我国的印刷中心规模不断扩大，在包装设计中，包装纸上开始印刷商号、商品信息、宣传、图案等。中国现存有宋代济南刘家功夫针铺的包装，四寸见方，雕版印刷，中间是一只兔子图案，上下各有文字，集包装纸、插图、商号广告于一体，商业色彩明显，已经具备了包装设计的意识（图0-5）。

图0-5　宋代济南刘家功夫针铺的铜版

从农耕时代的包装状况来看，民间包装的功能主要表现在保护、运输与储藏几个方面，它以质朴、率真为生活原型，反映了多种多样的风格样式。其包装材料多来自天然材料，以一种质朴的自然形式，带给人纯天然的精神与物质享受，如木、藤、草、叶、竹、茎等，保留了艺术发生时的原始特征。中国古代包装多选用自然材料，用竹、木、树叶等生产的包装比金属与塑料更感亲切。传统包装文化中的人情味、乡土味是设计的源泉（图0-6）。

图0-6　以竹子为材料的编织竹篓

随着人类社会的迅速发展，现代包装材料一反农耕时代用木材、草编、竹藤等原始物料直接包装产品的落后面貌，而是用高新科技对这些原始材料进行新的深加工，使之既具有原始特点，又比原始物料包装具有更多优点，如抗压力、承重力、防水性、防潮性、防腐性，以及自身的轻便性、可重复使用性、大工业化生产的可行性等，极大地提高了包装的经济性，缩短了制作周期。

2. 工业革命时代的包装设计

在古代社会，包装是对物品起到保存和保护作用的简单器物，其生产与材料主要依靠手工艺及自然原材料，直到两次工业革命的爆发将人类社会引入蒸汽时代和电力时代，人类生产力和生产水平呈阶梯化发展。机械化大生产在社会的各个行业推广开来，并得到不断扩展和延伸，此时包装技术也伴随着印刷技术的发展而改头换面，与其他行业一样初次实现了机械化、规范化、统一化与批量化的生产模式（图0-7）。

图0-7 工业化机器生产以及印刷技术的发展，极大地促进了包装的发展

工业革命为人类社会所带来的不仅是技术的革新，更重要的是，它创造了一种新的生产方式，即机械化制造工厂取代了以前的手工艺作坊，而印刷技术的发展，又将包装带入了一个新纪元。

1450年，德国人约翰内斯·古登堡将当时欧洲已经存在的多种印刷技术结合在一起，发明了金属字母活字印刷技术，在印刷的工业化发展中起到了决定性作用。1846年，美国出现了高速印刷机，真正实现了印刷技术的机械化批量大生产。这项技术使得包装的平面视觉系统有了更大的发挥空间，也使得包装的视觉美感与艺术化被凸显出来。直到1900年，世界上第一台凹版印刷机出现，使印刷品的质量得到大幅提升（图0-8、图0-9）。

图0-8 现代印刷厂与机器

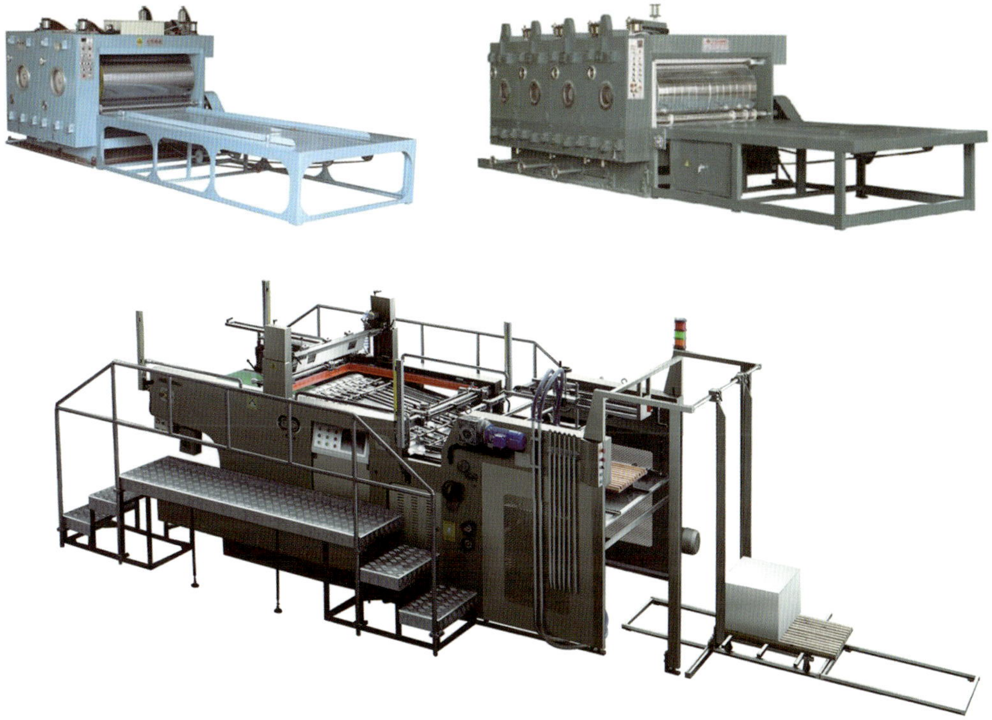

图0-9 水性滚筒印刷机、四色滚筒印刷机和全自动网版滚筒印刷机

工业革命对包装的技术优化不仅体现在印刷工艺领域，在包装材料领域，也同样有着翻天覆地的改变。在这一时期，包装材料的加工技术已经体现出了工业批量化生产的模式。此时，手工原材料被机械化材料所取代，除了包装的传统材料之外，出现了以类金属为原料的包装，如密封性极强的牙膏包装和罐头盒包装。在传统纸张的基础上，也出现了各种用于制作包装的特种纸，塑料包装材料也在此时出现（图0-10、图0-11）。

新型包装材料的诞生，为包装的功能与样式提供了更多的发展空间，各式各样的包装在它的承载下飞速发展起来。

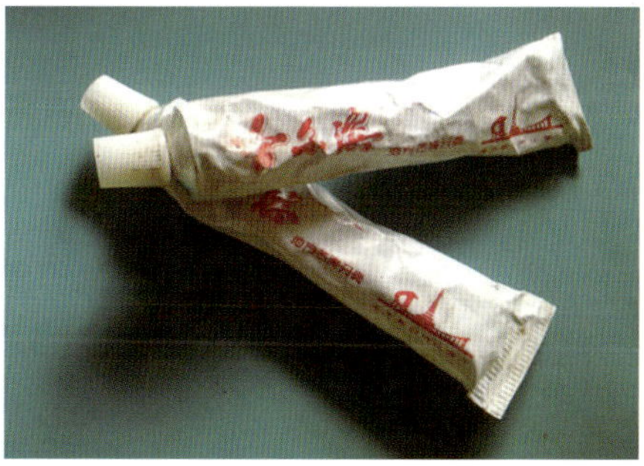

图0-10 工业革命后，包装材料得到了优化与更新，金属材质制作的罐头包装能有效延长食物的保质期

图0-11 现代食品罐头包装

3. 互联网时代的包装设计

最近一个世纪，包装遵循商业市场的秩序与规则，加工制造的方式不断发展。在现代商业和科学技术的影响下，包装不再局限于便于保护与运输等这类基础功能，而是一再被拓展，它可以是一个产品的说明书，是对目标产品的品质修饰，也可以是一个广告的新式载体，甚至等同于产品本身。通过高速发展的交通运输、网络和成熟的商业销售模式，包装已成为现代社会商品及商业活动的重要载体（图0-12）。

图0-12　互联网时代的包装不仅局限于其本身的含义

为了吸引消费者的眼球，时下的产品包装形态及外观形形色色，或时尚、或质朴、或色彩艳丽、或简约明快，以求在多元化的消费市场中树立自己的专属形象，在激烈的消费市场竞争中脱颖而出，从而促进产品的销售。不管运用何种材质和表现手法做包装，企业形象的标识都必须体现出来，各式各样的包装都要体现出其产品的标识及品牌的价值（图0-13）。

图0-13　充分体现出商品的品牌信息

相关研究表明，“80后”的人群已经成长为市场消费的主流人群之一，这类人群从小对计算机和互联网就不陌生，而当下他们处在快节奏的生活与工作状态中，对消费品质的要求也较高，消费品和消费模式要求便利化、简洁化、个性化以及人性化。互联网可为人们的消费行为提供更加便利的网络平台，从而让网络购物大行其道，各种网络陈列环境和快递包装层出不穷，包装原有的实体展示空间被网络数字平台渐渐蚕食。包装原有服务于人的功效界限被打破，在这样的趋势下，包装在优化其现有功能之外，又加入了其他附加值，比如绿色包装、无障碍包装、个性化包装等来顺应市场需求（图0-14、图0-15）。

当下网络电商的崛起导致商业销售模式关系发生了巨大改变，商业产品包装也被赋予了更多的内涵。互联网时代的包装已经打破了传统包装的局限，不断地持续融合设计价值与经济属性的关系。通过包装设计来提升产品附加值，追求多样化、个性化、形象化已成为一个主要趋势。

互联网包装相较于传统包装具有明显的差异性。其中，最直观的体现就是包装设计思维关系的改变。首先是在数字信息时代，云计算、物联网与大数据正在不断地更新设计思维观念和设计表达方式。包装设计的包容性思维与互联网思维共同作用于设计体系，呈现出独特的内涵特征。自此阶段，包装设计者应以互联网思维为导向，深刻理解包容性包装的设计理念。其次是包装设计更新迭代速度快，传统的包装设计与生产受限于对供应链的高要求，使得包装成本高、迭代周期长、更新速度慢。互联网时期的包装设计因网络数据的即时性，具有设计不断更新迭代的优势，其背后的逻辑是持续研究用户的需求与喜好，可做到持续优化包装设计。最后是包装设计把控的改变。传统的包装设计在完成印刷制作后，就等于设计关系的结束。此类包装很难通过具体的销售情况来得到设计反馈，其包装设计主张的是依赖于设计者的从业经验和个人审美把控，常有与市场需求不符的情况出现。而互联网时期的包装设计因为多样性、便捷性、即时性的技术支持，可以摆脱传统包装设计所受的制约，为设计工作者提供更真实、有效的设计支持。

图0-14 富有创意的国外面条包装设计

图0-15　咖啡包装设计，通过设计语言统一的系列包装来展示产品，凸显产品形象

4. 人工智能时代的包装设计

在这个知识大爆发的时代，新技术改变了人们的生活与消费习惯，继而威胁到了传统的商业行销手段，甚至撼动了工业革命为我们带来的工业化生产模式。

例如，3D打印技术突破了原有印刷技术平面化的局限，将印刷技术与材料进行合并和统一，除此之外，还突破了批量化规格生产的局限；数字化程序及代码取代了之前所谓的设计原稿，产品输出不再受地域和气候的影响等。这些全新的技术领域我们之前未曾触及，也无相应的历史借鉴，但是依托这些技术所出现的新产品对包装设计提出了新要求，同时也为包装拓展了一片新的发展空间。大家不难发现，互联网的普及和人工智能的出现，使包装的形态和陈列环境发生了变化，包装的功能被进一步拓展甚至改变，或许这将成为包装领域的一次重大变革（图0-16）。

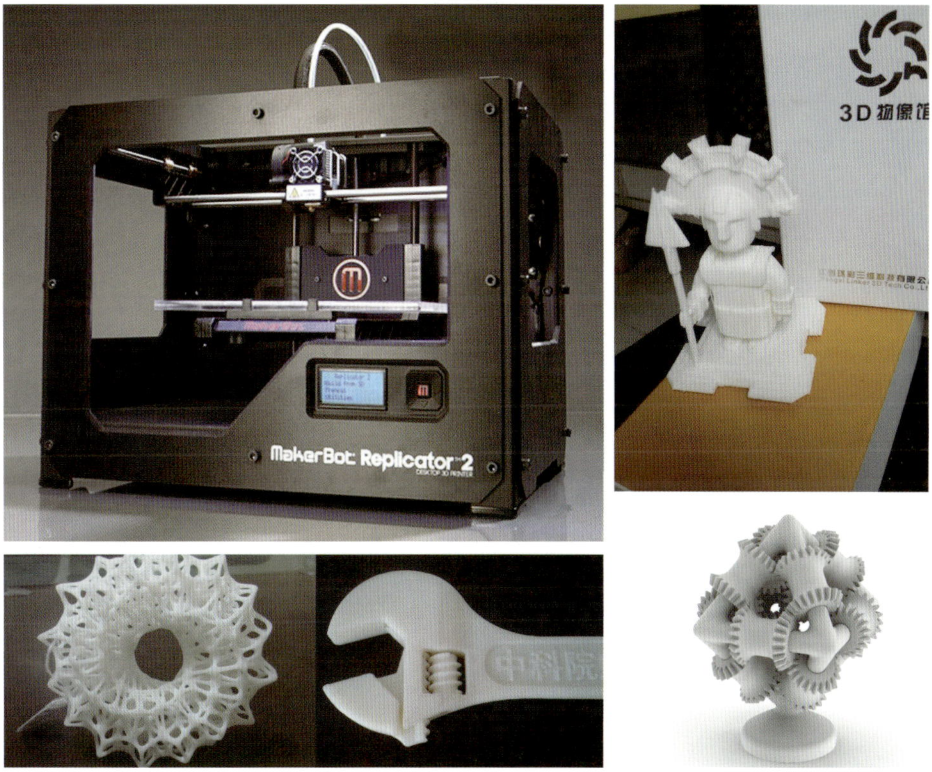

图0-16 3D打印机及3D打印作品

拓展与思考

1.梳理包装设计的发展阶段。

2.简述工业革命前后产品包装设计的差异。

3.互联网对传统包装的冲击有哪些?

4.产品包装如何添加互联网属性?

第一单元
营销视角下的包装设计

课　　时： 18学时

单元知识点： 本单元主要学习内容为包装的基本功能、营销视角下的包装设计策略以及前期的设计思路与整理。整个单元以包装功能介绍、包装分类、包装与品牌形象、设计构思定位、包装设计要素、设计原则以及常规包装设计流程为内容，帮助同学们在学习包装设计这门课程的过程中建立正确的设计思路构架，培养科学的设计思维。

第一课　包装的功能及分类

学时：8学时

要点：了解现代包装的基本功能以及消费市场包装营销的基本知识。掌握包装与产品定位、品牌形象之间的关系，学习前期包装设计构思的基本方法。

1. 包装的基本功能

包装可以使产品在商业交换时便于计量、保存、计价和携带。产品从被生产出来直至传递到消费者手中经历的所有商业活动，都需要通过包装手段来实现，包括组装、运输和卖场陈列等过程。而包装对于产品而言，在具有保护和储存产品等功能外，还能加强产品的商业属性，且能保证消费者安全合理地使用。由于包装内部产品属性及品类的不同，包装诸多功能的侧重也会存在差异，因此包装所具备的功能也是多元化的。

（1）保护产品功能

保护商品是包装的基本功能，几乎覆盖了所有品类的产品，包装是商品的“随身护卫”，直至产品被使用，它的保护功能才得以解除。产品从被生产到进入流通市场，需经过搬运、堆放等各道工序，难免会因发生挤压与碰撞而造成产品破损，同时，由于堆放环境的温度及湿度不当，也可

图1-1　能够充分保护商品的产品包装（设计：DENOMINATION）

图1-2 酒包装防伪扣

能使产品发生破损或霉变，包装还可以通过防伪等手段来证明产品的真实性，此外还需防止故意损坏和盗窃（图1-1、图1-2）。

由于商品类别属性与需求的不同，包装的保护功能也会被专门加以强调和取舍，或为了保持新鲜、或为了延长产品寿命、或为了防止产品挥发。不同保护诉求的产品配套包装必须采用不同的材料和包装造型，以增强其保护功能。

而包装的保护作用不仅体现在产品本身，也需要保护消费者的使用安全。从包装材料和成分上来讲，包装的制作材料须符合国家卫生标准，材料成分要求必须绿色并对人体健康无害；包装废弃后可以自然分解，对生态环境无害；包装须证实其内部产品的品质及真伪，从而衍生出很多包装的防伪技术，以保障商家和消费者的权益（图1-3—图1-5）。

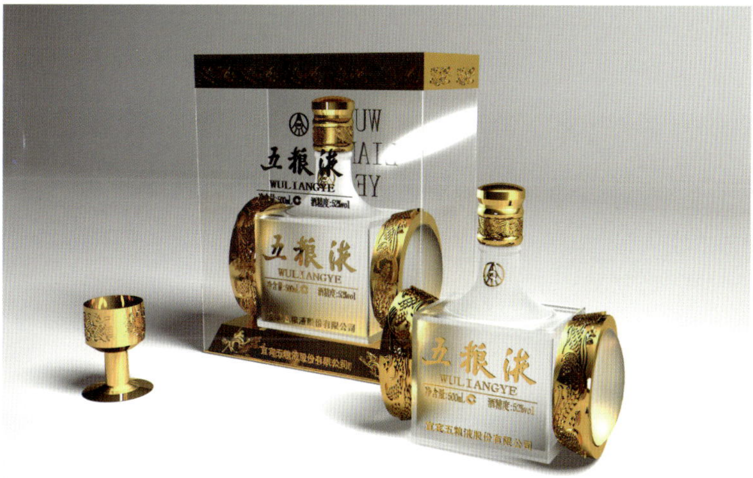

图1-3 酒类商品一般都会有内外两个包装，内包装（酒瓶）成为液体容器，外包装起保护酒瓶的作用（高彦彬 张凯）

图1-4　盲文也可应用于产品包装上

图1-5　防止酒精挥发的玻璃材质包装（高彦彬）

（2）介绍说明功能

当一个产品被生产出来在市场中流通时，包装与产品便成为一个不可分割的整体，不仅一路为其保驾护航，还时刻介绍着产品的详细信息。

通过运输渠道，产品与包装被置于货架，消费者在选购琳琅满目的产品的过程中，包装会通过其自身所承载的文字或图案来传达出它内部产品的功能、用途、成分、使用方法以及禁忌等重要信息，方便消费者全方位地了解产品属性和使用方法，快速找到能够满足自身需求的商品。在这里以医药类和食品类产品为例，医药类产品包装通过其附着的文字信息，向消费者传达其内部产品的主治症状、化学或中医药成分、服用方法与计量、制造企业及企业地址等重要信息；食品类产品也须通过文字和图案将食品配料、营养成分、净含量、口味、生产日期及保质期等进行详细说明（图1-6）。

图1-6　附着于包装表面的文字信息

（3）引导消费功能

商品本身所具备的各种物理属性及形象的视觉元素在消费者的认知中通常会形成一个较为稳定的印象，而消费者多是通过产品外部包装的吸引来选择消费。因此，积极的包装形象塑造是触发消费者购买的有效路径，设计师可利用消费者不同的心理动机，通过包装设计来诱发大众的消费欲望。

产品包装在商业环境中通过文字、图案以及色彩传达的丰富性与多样性，可以起到自我推销的作用。尤其是在一些特定的市场环境下，产品包装配合市场销售策略能够诱发消费者的购买欲望，形成冲动消费，比如产品的特惠包装、礼品专用包装、家庭装以及促销装等（图1-7、图1-8）。

图1-7　通过诱人的美食图案来诱导消费者是食品类包装常用的设计手段

图1-8　精美的包装博得消费者的好感

（4）包装的附加值

在当下多元化的商业环境中，消费市场对包装提出了更高的要求，商品的价值需要通过包装来体现和放大，而包装本身也需要扮演产品的角色来凸显其自身价值。包装与产品相辅相成、相互统一，从而创造额外价值，亦即附加值。通过设计师和商家不断寻找方法为产品增加附加值，包装的功能及价值领域也在不断拓展（图1-9）。

包装能为产品创造更多的附加值，在包装设计过程中，在其功能和造价成本之间寻找一个平衡点，以最小的成本尽可能地提高产品自身价值。在商品被消费和使用后，其外部包装可以产生新的用途或被再次利用，抑或在包装的开盒与使用过程中产生人与物的交流及互动等，从而使设计对象的目标预期、市场预期、造价预期和生产预期等环节能产生“1＋1>2”的效果，这些都是包装设计附加功能与价值的体现。在这样的设计要求下，每一个包装从业者都需要对包装的价值体现方法进行分析，保证包装效果最大化，增加包装价值，博得消费市场的认可和青睐（图1-10）。

图1-9　通过附带产品配套器物来增加产品竞争力

图1-10　高品质的白酒包装设计

2. 包装的分类

（1）根据包装作用分类

由于运输、销售、陈列等要求的不同，因此产品的包装设计产生了不同的种类和形式。根据作用分类，包装分为运输包装和销售包装。

运输包装又称工业包装、外包装，以保护功能为主，也具有便利功能。生产部门为了方便计数、仓储、堆存、装卸和运输，必须把单件商品集中起来，装成大箱，这就是运输包装。它要求坚固耐用，不使商品受损，并要求提高使用率，在一定的体积内合理地装更多产品。由于它一般不和消费者见面，故较少考虑其外观设计。

销售包装俗称小包装或内包装，是紧贴产品的按一定数量包装好直接进入市场与消费者见面的产品包装。销售包装以销售为主要目的，具有保护、美化、宣传商品的作用，对商品起促销作用。

（2）根据产品种类分类

根据产品种类分类，有食品包装、药品包装、机电产品设备包装、危险品包装等。

（3）根据包装材料分类

根据包装材料分类，有纸制品包装、塑料制品包装、金属包装、竹木器包装、玻璃容器包装和复合材料包装等。

（4）根据包装防护目的分类

根据包装防护目的分类，主要有防潮包装、防锈包装、防霉包装、防震包装、防水包装、遮光包装、防热包装、真空包装、危险品包装等。

第二课　营销视角下的包装设计策略

学时： 6学时

要点： 理解并遵循包装设计策略原则，了解包装对于提升产品形象、产品宣传等促进销售的作用及常规操作手段。掌握包装策略的选择要点以及前期包装调研、设计构思的基本方法。

包装营销是指通过富有设计感、给人以良好视觉和心理感受的包装，赢得消费者好感并吸引消费者购买，为商品的销售鸣锣开道的营销模式。在商业市场上，产品包装是商业产品及消费行为中不可缺少的组成部分，对于最新研发和销售的产品或者鲜为人知的产品来说，产品包装则成为消费者对产品产生认知的媒介。因此，产品包装对于产品销售及产品营销策略有着重要的影响，甚至左右着产品营销的策略和营销质量。包装不仅有保护商品的重要功能，还具有特殊的自我推广效应，对树立企业形象、促进和扩大商品销售起着重要作用。企业也必须对当前企业包装营销存在的误区有深刻的认识，采取有效的防范措施，才能在激烈的包装营销大战中取得有利地位（图2-1、图2-2）。

图2-1　利用摄影图像来表现产品的美味和食用方法（重庆大学视觉工作室）

图2-2　用产品照片体现商品本身的特点

包装设计可以为产品的营销提供更加直接有效的传播途径，从而成为产品营销沟通策略的重要组成部分。消费者的购买行为一部分源于产品功能需求，另一部分则源于消费心理活动。商品包装凸显产品要传达的重要信息，同时让消费者把凝结的情感因素嫁接到包装上，从而得到心理共鸣和认可。因此，产品的概念、卖点、品牌、符号等元素需要在产品包装上有技巧地呈现出来（图2-3—图2-6）。

图2-3　以强烈的色彩搭配、富有设计感的卡通形象以及巧妙合理的开合方式吸引消费者

图2-4　酒包装彰显产品品牌
（重庆大学视觉工作室）

图2-5　薯片包装设计，不同颜色代表不同口味

图2-6　将包装的功能性与趣味性相结合

杜邦公司的销售人员在经过周密的市场调研后，发现了著名的杜邦定律：63%的消费者是根据商品的包装广告做出购买决策的；超级市场购买商品的家庭主妇，由于受精美包装和广告的吸引，所购商品通常超过她们出门时计划数量的45%。由此可见，包装是商品的门面和衣着，它作为商品的“第一印象”进入消费者的眼帘，不断地刺激着消费者的购买心理（图2-7）。

图2-7　琳琅满目的商品以及产品同质化为消费者带来选择困难

通过包装来推销产品，不仅要在包装上突出产品与其他同类产品的差异性，还要彰显产品的品质。差异性是指通过商标和包装造型有意识地扩大商品之间在质量上的差异，商标和包装造型能够起到突出商品特征的作用。设计良好的包装，以一种物化的形式体现一个企业的营销策略、目标市场，以及企业所采取的产品价格和分销策略（图2-8）。

图2-8　百事可乐品牌形象包装

包装设计是否美观、颜色搭配和元素搭配是否协调是十分重要的。首先，一个成熟的产品包装能够吸引消费者的视觉注意力，即包装的辨识度，此因素决定着产品包装是否能够在货架中脱颖而出，从而快速进入消费者的中心视线；其次，好的产品包装能够恰到好处地传达其内部产品的有效信息，即包装的传达力，此因素决定着产品包装是否能够准确地向消费者传递产品的特点和优点、是否能够激发消费者的联想和消费动机；最后，优秀恰当的产品包装能够间接体现出产品的质量和品质，来赢得消费者的信赖和好感，即包装的表现力。包装设计者在面对包装设计任务时，必须同时考虑这三个方面的内容，产品包装也必须同时满足这三个方面的要求，才能成为合格的包装（图2-9、图2-10）。

图2-9　好的包装设计需有极强的辨识度，能体现商品的质量，并不失美观

图2-10　不同形状的包装

1. 系统的产品调研与分析

充分了解产品的各项内容是包装设计定位与实施的科学依据，也是设计方法制订的有效支撑。因此，产品调研与分析是包装设计中不可或缺的设计环节。通过对各个层面的调研与分析，充分了解整个包装设计行业的现状，是进行设计定位与构思的前提和基础。

产品的包装从质量工艺到艺术设计处理，无时无刻不体现其内在产品和背后的企业文化形象，反映着企业的营销策略。因此，在包装设计前进行市场调查是非常重要的一个工作环节。对企业调研，需要深刻地了解企业的文化理念、发展状况、营销战略等有效信息。对产品调研，需要了解产品的属性、特点、特性、功能、造价、制作工艺以及企业对产品生产和销售预期等信息。对受众调研，需要了解消费者需求、行为习惯、消费文化及观念等因素。设计者应将收集到的有效信息进行地域、文化、受众年龄、性别、时间等因素的细分，从而掌握目标设计对象与同类产品的市场比对及自身状况，寻找出与同类竞争产品之间的优势、劣势、特色与不足。在设计语言选择中需根据设计对象的企业文化背景与发展理念，明确设计的侧重点，重视产品包装的陈列环境和展示效果，并对消费者的使用反馈进行信息收集和整理，做到销售与消费需求的统一。

2. 合理的品牌形象塑造

品牌形象是指在合理的品牌定义下的一种以文化符号参与的商业交流。它包括品牌的定义及品牌的衍生文化，企业将所有信息进行提取转化可以得出品牌形象符号。品牌形象设计则是品牌符号的交流沟通和导入的一个搭建过程，其目的在于通过符号沟通帮助消费者辨识和获取品牌印象。设计者需要根据对消费者的认知感受以及企业自身的发展理念对目标对象进行品牌形象的设计与塑造（图2-11）。

图2-11　可口可乐包装与品牌形象推广

包装首先要满足的就是消费者在进行购买时对于目标产品的识别。在竞争激烈的消费环境中，同类属性产品品种繁多，产品的品牌形象能够为消费者提供选择商品的信息。品牌的名称、标志物和标志语，既是构成品牌形象的主要组成部分，又是该品牌区别于其他品牌的重要标志。在产品包装设计中，品牌主要是通过标志、文字、图案进行符号化转换。企业标志能够帮助人们辨识和理解企业文化，使消费者产生积极的感受和体验，文字能使消费者对产品产生认知和联想，同时强化产品名称和标识特性（图2-12）。

图2-12　充分体现品牌形象信息的包装

企业及其产品想要在激烈的市场竞争中获得消费者的认可和喜爱，必须通过有效的品牌形象设计来引起消费者的关注，将其形象通过各种市场营销手段进行推广，品牌真正的价值和作用才得以显现。因为人们对品牌形象的获取主要依赖于视知觉的审美偏好，所以在包装设计中能够恰当运用良好的品牌视觉形象是十分必要的，也是提高消费者心理印象的有效途径。此外，一款包装的设计样貌和外在品质也是整个企业品牌形象和产品品质的直观体现（图2-13）。

图2-13　白酒包装设计（重庆大学视觉工作室）

3. 精准的设计构思与文化定位

在竞争激烈的商业市场环境下，每个企业都绞尽脑汁地寻求提升企业竞争力和产品竞争力的方法，从而在市场中谋求生存与发展空间。企业在市场环境中的品质及良好形象，主要体现在流通于消费市场的产品上。在设计行为中，设计定位实际上就是指确立设计元素的准确位置，得出包装的图形、文字、色彩、形式、风格等设计语言。然而随着时代的发展与消费者消费行为及观念的多元化，包装设计也早已不能简单地从视觉美感形式的角度去诠释定位。设计文化的形成不能简单地进行外在呈现，而需要在设计之前先进行文化的设计。包装设计不仅是产品的外壳，也不能够单纯地将其理解为产品，而是为消费人群设计的一种新消费习惯和消费体验。在物质丰厚的当下，消费者在满足物质需求的同时，越发地重视和追寻精神层面上的满足。在这样的现状下，一款能够体现文化品位与格调的产品包装能够使消费者获得一次精神层面的满足和情感共鸣。

产品的风格体现出文化定位，文化定位时刻映射着产品文化属性和企业文化主张。因此，在包装设计过程中，除了满足设计自身使用、设计外观审美以及销售的诉求，还需要赋予包装适当的文化气息，使其散发出独特的文化魅力，获得文化共识。

（1）彰显时代感

产品的包装能够反映出社会经济与科技发展的现状，因此包装设计与当下时代有着相契合的一面。在世界经济一体化的今天，科学技术呈爆炸式发展，尤其是现代信息技术的发展使得人们对于事物的审美意识、价值取向以及生活行为习惯呈现出多元化的时代特征。在全球经济一体化的趋势下，区域性文化不断交织与混合，许多新的文化观念与价值评判标准和意识通过设计语言体现在产品包装上，成为人们对当代社会认知的思考及反映。例如，快节奏的工作和生活环境使得人与社会的依存关系发生变化，能源的不断开发与生态资源环境的矛盾日益尖锐，互联网的高速发展使得信息发散和接收的关系摆脱了地域和时间限制，新型材料产生新的审美标准以及包装功能的偏移和变化等。这些因素构成包装设计的时代性环境，也被此时期出现的包装完整地体现出来（图2-14）。

图2-14　流行于当下的精美图案设计提升了此款包装的时代感

（2）注重地域差异性

地域特点决定文化差异，从而形成消费者行为的差异化。而文化的地缘性差异主要是通过其内部环境和区别于其他外部环境的鲜明特点得以体现的。就包装设计的文化定位而言，地缘差异性所导致的区域性文化差异及特征，是包装设计者不可回避的重要问题。在包装设计的过程中，区域性文化元素在包装设计中的展现，能够使产品包装以及产品自身文化品位得以提升，明确自身特点，弘扬和传承本土文化。

地域性文化是特定地区所特有的文化特质，其文化价值也能够长期稳定地延续和传承，与其他地域文化产生鲜明的差异，且自身还保持着一定的文化独立性和文化的发展性。通常，地域性的文化以地域位置作为划分，每个地区的居民由于所在位置的气候、地势、水土、生活习惯、饮食偏好以及宗教信仰等诸多因素的不同，会产生独特的文化。在艺术设计范畴内，这些文化都可以转换成带有当地特色和特点的文化符号，并影响着生活在当地的人们，使同区域的文化价值观达到高度的共识和认可。同样，区域性文化也能够起到协调疏通的作用，还可以转换为当地人的服饰样式、图案形态、颜色甚至语言和文字（图2-15）。

图2-15　不同地域文化的酒水包装

地方性的差异以及特点融入文化中会形成独特的历史文化印记。包装设计可以通过地域文化来体现该地区或者产品文化的独特性，使产品与受众之间产生情感共鸣，提高消费者对产品的认同感。再者，合理应用地域文化能够使受众群体快速地认知包装及产品，加速产品包装的信息识别。如果准确地将目标产品的地域文化进行有效提取，不仅可以提升包装的地域文化内涵，而且还可以提高设计的品质，散发文化魅力（图2-16）。

图2-16　具有强烈东方审美意境的包装设计

（3）注重民族差异性

在产品包装设计中，除了可以采用地域文化来提高产品的文化属性之外，还可以体现其民族文化特征。在当下多元化的消费市场环境中，产品需要迎合消费者多元化的购物需求，需要对消费者的心理、行为习惯以及动机等诸多环节进行精准拿捏，争取搭建能够让企业产品和消费者产生共鸣的桥梁。在包装设计中加入民族文化特征能够进一步满足消费者的精神文化需求，使消费者对产品产生精神的共鸣。在包装设计过程中对待目标受众群体采取有针对性的设计手段及设计语言，凸显民族文化特色，能够提高目标民族受众对该产品的亲和力和认同感（图2-17）。

图2-17　凸显民族特点的包装设计（高彦彬　邓珂　徐孙威）

每个民族都有专属于自己民族精神文化的符号，其中最重要也最容易获取的就是民族特有的民俗纹饰图案和色彩。长久以来，这些文化或者图形符号经过历史的发展与演变，大多具有吉祥的寓意，能够体现出该民族特有的民族精神与文化内涵。在包装设计过程中引入目标民族的传统纹饰及图案，能够使包装及产品强有力地展示出其针对民族的历史性与文化内涵，符合民族化的设计理念（图2-18）。

图2-18　运用土家族“西兰卡普”纹饰做的包装设计，能够凸显土家族的文化特征（高彦彬　张瑾）

（4）符号化转换

当下商业消费市场环境竞争激烈，琳琅满目的商品使人应接不暇，因此，要提升产品的独特性，凸显产品特点的包装才能够得到市场的眷顾，而符号在其中扮演着至关重要的角色。在快节奏的市场环境下，消费者对于图像信息的获取远胜于文字信息，且文字本身所面向的受众会受到国家及地区的制约。所以在包装过程中，将文化进行具象的符号化转换，是必不可少的环节。

图2-19　重庆篆刻协会手提袋设计运用印章元素充分体现出视觉符号化特点（重庆大学视觉工作室）

文化符号是指具有某种特殊内涵或者特殊意义的标识，是一个企业、一个地域、一个民族或一个国家独特文化的抽象体现，是文化内涵的重要载体和形式。符号活动，其作用是把人与文化联结起来，所以符号需要人类语言、宗教、艺术、科学、历史的承载。在现代商业包装设计中，通过任何一个视角和维度将文化进行梳理并产生文化转换和文化定位，其最终目的都是要努力达成产品的设计美观、文化内涵和消费群体的共识与平衡。而能够将这两者统一的路径，就是设计者需要将文化进行有意识的发挥和使用，并在此过程中提炼或者转换成具体的视觉符号（图2-19）。

通过信息传播的有效性，快速准确地将信息进行传达，同时能够使消费者沟通交流并接受产品，它是产品包装设计的主要目的之一。符号具有信息快速传播和文化高度浓缩的属性，利用其专指的符号形象创造，可以构建出视觉符号的图像体系，再通过当下的传播媒介及视觉交流将符号作为信息，来促成企业、产品和消费者之间的有效沟通（图2-20）。

图2-20　视觉符号使得商品的标志性更强

拓展与思考

1.包装设计前期重点准备工作有哪些？

2.包装设计前期如何提取重要指导信息？

3.区域性文化特征如何转换为具象视觉符号？

第三课 包装设计的原则及常规流程

学时： 4学时

要点： 了解包装设计的基本原则以及设计流程，为具体学习包装设计操作内容提供基础。

1. 包装设计的原则

在进行产品包装设计时，必须满足甲方客户的设计要求，不能违背客户意见，私自将设计内容进行更改或删减，如发现客户要求有较大问题，可与客户交流，达成共识后，再进行设计任务。为了满足包装的各项适用性，在包装设计过程中需要遵守一些硬性的规定和原则，具体如下所述。

（1）经济性原则

在进行产品包装设计时要考虑包装的成本造价问题，尽量在保证包装效果和功能的前提下，减少消耗，控制造价成本。降低成本主要体现在制作原材料和包装尺寸以及选择制作工艺等方面。在材料选取上，要坚持适度原则。制作工艺方面，有目的地比对不同输出方式和种类，在设计意图和实物效果中找寻平衡点。纸质包装盒在印刷前要做好拼版等印前准备工作（图3-1）。

图3-1 成本控制出色的麦当劳系列包装

（2）便利性原则

首先是体量适度，易于运输和使用。为了节省运输成本，制作出来的包装要满足便携、易搬运的条件，所以在包装设计尺度的把握上，须从包装方法和包装结构上多加思考，尽量使包装体积最小化。

其次是易装易取原则。包装设计时要考虑包装工作人员和包装使用者在装盒与拆盒时的便捷问题，避免造成设计的缺陷和失误，为使用者和工作人员的操作带来不必要的困难和障碍。例如，在白酒瓶设计中，为了能够使酒瓶中的液体无残留地倒出来，在设计酒瓶时，瓶肩与瓶颈的角度不得大于90°（图3-2）。

图3-2　瓶肩与瓶颈设计要小于90°（高彦彬　黄思榆）

再是重心最低原则。在进行包装设计时，要尽量使包装的底座稳定或者降低重心，这样可以增加产品包装在陈列时的稳定性，同时也增加了外包装箱的稳定性。在设计条件允许的情况下，包装箱长、宽高的尺寸，均应大于主箱高度的尺寸。

最后是质量、数量适中原则。一般产品及包装的总质量应控制在20 kg内，以人工可搬运为质量范围。除了质量之外，包装的外形尺寸也应该符合人体工程学，以一般人可受力搬取为范围，不可太大，使人无法发力。每批包装输出数量既可以是套数或其倍数，如6，12，24，48等；也可以是整数，如10，20，50等，以方便统计和算账（图3-3）。

图3-3　便于陈列摆放的包装

（3）保护性原则

在产品包装设计过程中，必须充分考虑包装材料对其内部产品的保护。一方面保证正常的搬运、装载、运输，合理挤压和碰撞等情况下，产品不被损坏。另一方面，包装也要对消费者进行保护，针对有潜在危险性的产品，包装要做到在使用前和使用中都能够对使用者的安全进行防护，比如在设计玩具类产品的包装时，不允许用订书机钉等尖利材料连接包装，需用胶水粘接的方式，以免对儿童造成伤害。针对危险性的产品，包装上必须有强烈显眼的警惕性文字和标识。

（4）美观性原则

生活水平的提高使消费者在购买商品时更加注重美观性，因此，在产品展示和销售过程中，美观性成为吸引消费者注意力的重要原因。随着时代的发展，人们的审美意识越来越强，包装设计应在实用性的前提下讲求美观性。包装的外观形式、材质美观、色彩等应被设计者有意识地设计和加工后传达给消费者，使得他们的感官认知和心理需求得到满足，从而使产品更易于被消费者接受和购买（图3-4）。

图3-4 设计精美的巧克力包装

（5）环保性原则

设计除了满足人们当下的需要外，更应考虑整个环境生态系统和人类生存状态。当社会资源过度消耗和环境压力不堪重负时，环保性设计原则正是解决环境与发展、能源与利用、绿色与可持续之间问题的重要手段。据统计，我国超过80%的商品包装在首次使用后便被丢弃，于是产生了大量废弃包装，可见包装设计的环保性有其必然性和必要性。包装设计的环保性可以从两个层面来实现：一是适度包装，不造成资源浪费；二是对包装材料的选取注重绿色环保，如包装材料对消费者健康是否存在副作用、包装材料是否可回收利用等。通过包装材质的合理性选择、功能的多样性设计、造型的可拆卸分解与重组等方法，提升包装再次使用的可能性，能够在一定程度上降低对资源的浪费，树立起品牌的绿色形象，从而提升品牌价值（图3-5）。

图3-5 粽叶就是一种纯天然包装材料

2. 包装设计的常规流程

包装设计的基本流程主要分为设计策划、市场调研、设计执行、设计提案、设计制作五大部分。

（1）设计策划

在设计策划过程中，首先要做好对客户的深入了解和沟通，在沟通之后需要对设计任务与目标进行市场调研，拟订包装设计计划。在这一环节中需要设计者完全了解产品本身的特性，如产品的重量、体积、强度、避光性、防潮性以及使用方法等。不同性别、年龄、文化层次和经济状况的消费人群对商品的认购会存在较大差异，因此，产品必须具有针对性。充分了解该产品的使用对象，才有可能对产品包装设计进行精准定位。除此之外，了解产品的销售方式也是必不可少的前期设计准备流程，包装功能应与销售模式匹配。产品经销的方式形形色色，最常见的是大大小小的市场货架销售，而在“互联网+”的大环境下，还有网络销售以及直售等销售形式，这些不同的销售渠道和方式使得包装形式有所区别。 再者，了解产品的相关经费直接影响着包装设计效果，设计师要掌握的信息包括产品的预期售价、产品的包装生产以及市场传媒推广的预算，尽量做到以最少的投入获取最大的利润（图3-6）。

图3-6　金拱门包装充分地体现了企业形象和产品品质

最后需要了解产品包装的背景。一是委托人对包装设计的要求；二是该企业有无CI计划，要掌握企业识别的有关规定；三是明确该产品是新产品还是所属公司旗下的同类产品，了解产品包装的背景，能够帮助设计师制订正确的包装设计思路和策略。

（2）市场调研

市场调研是设计过程中的一个重要环节，它能使设计师了解许多与包装设计相关的信息和资料，更有利于制订合理的设计方案。它包括以下几点：首先，是对产品市场的了解。根据市场营销的理念，满足顾客的诉求，诱发消费者的购买欲望是企业营销活动的中心和出发点，设计者应该依据市场的需要发掘出商品的目标消费群，从而拟订商品定位与包装风格，并分析预测商品潜在消费群体的规模以及商品的货架周期长度；其次，对包装市场现状的了解和分析。根据目前现有包装市场的状况进行调查分析，进而包括听取商品代理人、分销商以及消费者的意见，了解商品包装销售现状与发展趋势，并以此作为设计师评估的准则。

（3）设计执行

设计执行基于前期市场调研、消费人群确立及自身产品的基本情况，主要从包装的品牌字体、图形、色彩、版式、材料、造型等几方面入手，根据市场调研的结果展开分析和总结，使设计人员充分了解到产品的信息以及同类型产品的基本情况。通过设计组的讨论，对如何表现设计创意做具体的分工，从而有效发挥团队精神，这样既能够提高设计效率，又能够丰富创意方案。包装设计方案呈现出包装的造型、图案、色彩、材料、品牌字等设计元素，按照实际包装成品的大小或比例进行修正完善，并经过可行性论证，设计出完整的方案（图3-7）。

图3-7　用于印刷制作的包装展开图

（4）设计提案

设计提案的目的是从初稿的展示中，探讨出可以继续发展的设计方向，以便接下来继续深化设计。首先是提案文件的准备，包括设计稿、展示PPT等，其次是写好设计说明，最后是尽可能完整地向甲方展示设计方案。

（5）设计制作

包装印刷前设计者还需要为印刷进行必要的准备，通常包括包装的印刷正稿、五大规线图、1∶1设计打样稿。设计师应根据印刷条件使用恰当的分辨率。此外，印前还需设计者做浮雕压凸版设计、冲压模具设计等，直至做出的样品确认无误后方可生产。

第二单元
包装设计中的视觉传达

课　　时：30学时

单元知识点：本单元以包装设计中的设计表现为主要内容，深入具体地将包装设计中的图案图像、文字信息、色彩搭配、构成造型创意方法、文化元素的应用等一系列问题进行讲解，使学生能够掌握包装设计中的具体设计方法与手段，提高学生的包装设计综合能力。

第四课 包装图文色彩与构成设计

学时： 12学时

要点： 了解文字与图形图案在包装中的作用，掌握包装与文字信息、图形图案之间的关系，学会通过构成法则将文字、图案等设计元素合理地应用于包装设计，以及对整体包装的艺术处理。

随着社会商品经济的不断进步和多元化发展，以及信息及网络技术的不断突破，包装设计视觉外观表现形式有了更为广阔的发展空间。当下市场经济高度发展，商品种类繁多，产品的样式各异，包装视觉外观设计对树立企业的品牌形象、宣传企业文化与特色起着至关重要的作用，那么在当下多元化的消费市场环境下，包装设计中的企业形象如何通过其视觉表现在市场中获得高效的展示与传播效果？便成为每位包装设计者需要不断思考的课题。

1. 文字语言在包装设计中的运用

文字是包装设计中非常重要的视觉元素。商业产品包装上的文字必须带有强烈的信息传达功能，用来表达产品本身和消费者相关的重要信息。人们可以从文字信息中获取产品及企业的相关内容，促使消费者与产品及企业建立信任和沟通。包装设计中的这些文字信息通常包括产品的商标及企业名称、安全使用方法、产品主要构成成分、产品质量、生产日期、保质时限、生产所在地区和企业联系方式及详细地址等。在进行包装设计时，这些文字化信息作为包装设计的硬性规定，不能任由设计者因艺术化处理而随意删减。包装上的文字信息大致可分为基本信息、说明性文字信息、宣传广告信息。

图4-1 绿茶饮料包装

基本信息通常包含目标包装的品牌名称、产品名称、包装牌号、生产厂家或者企业单位名称。在一般情况下，产品包装的品牌名称和产品名称需要安排在包装最显眼的浏览面上。品牌字和产品名称可以根据设计需要进行适度的美化处理，而其他信息通常会安排在包装的侧面或者背面。如日本绿茶饮料IYEMON CHA主要的消费群体是中年男性，包装上使用充满高级感的磨砂玻璃，除去硕大的“茶”字Logo，其他汉字尽量小而低调，取而代之的是优雅规范的英文字体以及半透明玻璃色彩的渐变，营造出一种简约之美。通过文字、色彩、图形、肌理材质之间的设计搭配，造就了这款设计精良的茶饮品包装（图4-1）。

说明性文字主要包含产品功能、使用方法、使用禁忌和注意事项等。此类信息一般需要做到言简意赅，通常出现在包装的非主看面中，或者出现在包装盒内，另附说明。资料信息文字一般情况下包括产品的组成成分、产品质量、产品出厂型号与规格等。这类文字信息一般不需要设计者对其进行单独的字体造型设计，只要符合市场规范即可，一般也是编排于包装盒的侧面或背面。

宣传广告信息主要通过阐明产品特点来宣传产品，此类文字信息一般被编排于包装设计的主看面上，是包装设计视觉表现环节的设计重点。此类信息内容会与产品广告文案和市场推销策略配套，传达内容简洁、高效、易读易记。在这里要注意，产品宣传信息内容须诚实表达，不得过分美化和夸张，更加不能存在欺骗等不实信息。对广告性文字信息进行编排时，设计处理手段可以相对灵活，每个文字间可大小不一、错落有致，或者对字体形象进行再设计处理，但注意在设计过程中不宜过度变形，要保持文字信息的辨识度，字体笔画粗细也需整体把握，避免画面杂乱无序。

产品名称和品牌字的设计是整体包装视觉形象的主要设计内容，在进行设计处理时，此部分信息文字的造型设计需要将产品的特有属性、性格特质凸显出来。同时需要有良好的辨识度、可记忆度以及审美度。

广告性文字在色彩处理上，也有相对宽泛的设计空间。此类信息除了通过字体形态样式和组合形式来凸显主题之外，还可通过不同的色彩来表现其他信息从而吸引消费者的目光。而包装上的标志一般都是其品牌VI形象设计中已有的视觉元素，在通常情况下，必须尊重已有的设计标志，不得随意变动和删改（图4-2）。

图4-2　包装主展示面的文字通常是消费者第一时间明晰的文字，同时又参与了包装展示面的视觉效果（高彦彬）

文字在包装设计中除了传达信息之外，还可以成为一种设计审美元素。以我国汉字为例，汉字在我国传统文化中具有非常鲜明的民族文化特征。书法艺术作为中国传统文化的一大门类，经过长久的历史演变与传承，具有独特的审美价值，带给人艺术审美上的精神享受和满足，同时通过它的艺术形态和设计语言树立出特有的艺术及设计形象，充分体现出中国传统书法艺术的内涵。于视觉设计语言的表达方式而言，文字位置的不同摆放和排列也能给人以不同的视觉感受。设计者可以通过版式设计将文字排列成具有栅格化形式美感的文字图像群，在传达必要信息之余，还可以为包装版面进行装饰。设计者也可以通过字体设计，将文字进行图案化处理，使包装外观更具辨识度，体现文化气息和趣味性，加深消费受众群体对目标产品包装的印象和记忆（图4-3）。

图4-3　利用文字设计增加视觉美感（重庆大学视觉工作室）

在包装设计过程中，不仅要针对文字本身进行设计思考，还要注意文字与其他设计元素的关联与协调。针对产品特征及诉求，设计者应将文字和图形进行有效的梯度分级，通过图形与文字的合理编排，突出产品的各种特性。处理好文字与图形之间的关系是其包装视觉表现良好与否的关键（图4-4、图4-5）。

图4-4　书法字体在包装设计中的应用

图4-5 包装中字体间的版式搭配

字体设计是设计者设计素养的基础，在对文字进行设计处理时，要对字体形态和大小有着敏锐的判断和把握。每一种字体都有其形态所呈现的风格、调性，或端庄、或厚重，或奔放不羁、或高贵典雅。这些性格迥异的字体为设计者提供了无限的设计空间和设计灵感，使得产品包装也具有独特的性格。

2. 图形图像语言与包装设计

图形图像是包装设计视觉表现的第二大要素。图形与图像是包装设计最直接的艺术表达，同时它所承载的信息内容比文字更加直接和清晰。图形图像在包装设计中的应用能够准确无误地将产品的样貌呈现在消费者面前，因此，合理准确地把握图形图案在产品包装中的应用方法，是包装设计视觉表现的重要方面（图4-6）。

图4-6 主展示面采用简易的图像图案，使得包装不仅简单易懂，而且营造出愉悦的气氛，在体现商品特性的同时，还吸引了消费者的眼球，并能使商品很快地从其他琳琅满目的商品中脱颖而出

图形的表达形式主要分为具象图形和抽象图形两种。具象化的图形在一般情况下要做到能够直观体现产品的形体、颜色、品质、材质等物理特征。除此之外，图片经过后期处理后使用，可以美化产品本身，提高消费者对产品的认知度与好感。例如，康师傅方便面包装，不同口味的桶装方便面，其外部包装的主看面都会出现产品的外观图案，这些图案能美化产品并激发消费者的食欲。这类具象的图形图案一般较为写实，信息承载量大，以摄影方式呈现的图片居多，是一种极强的视觉语言，可以直接让消费者了解产品，给人以真实感，得到消费者对产品的青睐和信任（图4-7）。

图4-7　采用写实的水果和冰激凌相结合的图片，直观体现出商品的特性

在沿用此类具象图案进行设计时，由于图案能够反映产品真实内容，所以不应将产品进行过度夸张美化，如果有过度美化的情况出现，应在图案周边附文字进行澄清说明。

另外还有一种图形是抽象图形，此类图形对于产品本身的信息承载量相对较低，但是在艺术化审美方面要优于具象化图案。在我国土特产包装设计中，能够看到很多由中国传统文化所转化的抽象图案，此类图案或利用地域民俗文化，或利用本土民族文化，通过具有传统特色和民族风格的装饰图案来表达包装的文化性和艺术性（图4-8）。

图4-8　运用抽象图形，丰富了包装的视觉美感

从视觉辨识度的角度来看待包装中的图形图案和文字，图形图案的辨识度要高于文字，所以图形图案对于产品包装的成败至关重要。图形图案除了按照造型的具象和抽象分类外，还可分为主要核心图案、关联衍生图案和产品Logo三个类别。

主要核心图案一般会根据产品的自身特点提取元素，如生产地区特征、产品原料特点、产品功能特点等，可以取材于人文形象、自然景观形象、卡通漫画形象等。表现形式也非常多样，比如实物摄影、手绘插画、数码设计等，在设计排版中一般占据着包装主看面的位置，与产品名称和品牌字相搭配（图4-9）。

图4-9 包装中的核心图案决定着包装设计的整体风格

关联衍生图形是辅助主体图案构成包装整体设计风格的装饰图案。此类图案可以丰富画面构图、面积较小，自身构成相对简单，可以作为底纹，也可独立存在，设计者可视具体情况进行综合把握（图4-10）。

产品Logo是企业、商家、公司的形象，是此厂商有别于其他经营单位和机构的标志，是能够表明其商业注册资质与企业特征的符号，同时也是企业文化和品牌信誉的象征（图4-11）。

图形作为产品包装视觉要素，设计者在设计过程中需要精准地把握图形的特点，体现产品的主要特征，避免产生歧义。在造型方面，要敏感地捕捉独特的形态，在恰当的基础上，尽力呈现图形美感；在整体效果上，处理好图形图案与文字的关系，通过有效的信息层级处理设计出合理的视觉流程；在图像的设计选材中，也不可忽视地区价值体系、民族风俗习惯、宗教信仰以及国家相关规定等限制。

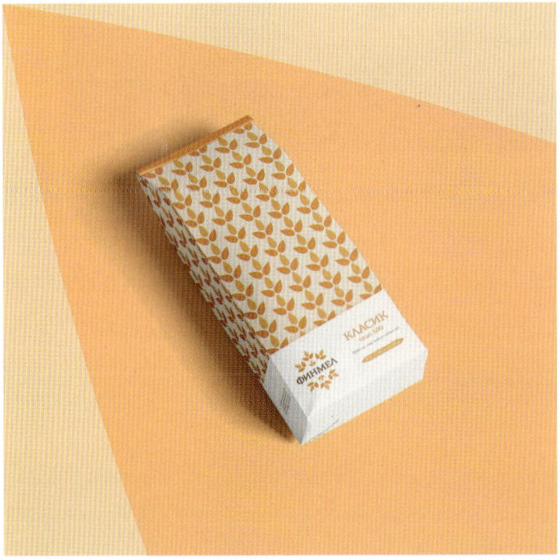

图4-10 包装设计中的衍生图案可以丰富包装的整体设计效果

图4-11 Logo作为一个企业的形象商标，在包装设计的展示面中应很妥当地考虑其摆放的位置以及大小关系

3. 色彩语言在包装设计中的运用

色彩是大自然给予人们的宝贵财富，是每一个设计者能够进行无限创作的灵感源泉。它不仅美丽丰富，还可以左右人们的视觉及心理，在特定的情境中能够唤起人们的心灵感知。例如，红色能使人感到温暖、热情和奔放；绿色代表天然、健康、生命和安全；紫色是高贵的象征，有庄重感和神秘感等。

对于设计而言，色彩的表现是一种主观的创造行为，对色彩的把握与应用也是产品包装设计的又一主要内容，其功能和作用与文字图形图案同等重要。从视知觉的范畴来讲，人们的视觉对于实物形态及形象的认知判定是通过物体的颜色和形状来决定的，而视知觉对色彩的识别度要高于对形态的捕捉。色彩在帮助人们识别对象的同时，还能产生视觉冲击力和吸引力。在现代商业消费市场环境中，产品的包装都在极力追求包装样式的新颖和色彩的变化，从而吸引消费者的眼球（图4-12）。

图4-12　几何色块构成包装设计（高彦彬　陈丽）

将色彩元素通过合理恰当的设计手法和表现形式融入包装中，需要设计者具备敏锐的色彩捕捉能力和良好的色彩感觉，熟练地运用各种色彩来表达设计的目的性与创造性。包装设计中的色彩把握不仅要表现外在特征，还要能反映其内在的文化与精神（图4-13、图4-14）。

图4-13　采用绚丽的色彩，营造出动感、青春多彩的视觉效果

图4-14　色彩明快的系列包装

（1）色彩的视觉张力

文字、图形图案、肌理等都是包装设计中必不可少的设计元素，而色彩则一直贯穿于这些设计要素之中。色彩作为最醒目的设计元素，对于它的设计把握，决定了整个设计产品视觉形象的成败。视觉元素之间的融合与嫁接不仅是简单的拼凑和罗列，还要根据产品与市场需要，采用相对应的设计手法，通过最恰当的方式呈现出预期的视觉感受。

由于市场竞争的日益剧烈，商品同质化严重，这些产品及其包装充斥着整个消费环境，导致消费者在消费选择上无从下手。色彩通过合理的设计与搭配能够产生强烈的视觉冲击力，在繁杂的市场消费环境中受到消费者的关注，从而脱颖而出（图4-15）。

图4-15　通过色彩的对比，以及大胆亮色的提取，可以增加产品视觉冲击力，继而吸引人的眼球

（2）色彩的形象识别

产品包装中的色彩选择及应用能很好地反映出商品背后企业形象识别系统的色彩系统，在企业形象中，色彩已经成为一种有别于其他品牌，体现彼此差异化的重要视觉元素。通过一定时间周期的产品广告宣传和市场传销策略，能够建立起消费者对色彩品牌形象的关联性记忆，培养消费者对产品和产品包装的色彩识别。例如，在我国易拉罐凉茶饮料中，红色可以使人想到王老吉，金色则使人想到加多宝；在碳酸饮品中，红色容易使人想到可口可乐，蓝色使人想到百事可乐。当具备了色彩的识别性，产品就能在市场中体现它独特的面貌，进而与其企业形象视觉识别系统相统一（图4-16、图4-17）。

图4-16　红色可口可乐与蓝色百事可乐

图4-17　红色王老吉与金色加多宝

（3）色彩的心理情感

除了对视知觉的张力和识别之外，包装设计中对色彩的选择与操控取决于包装内部产品的特有属性，只有将产品的特有属性、产品营销策略、消费者对色彩的审美三者统一，产品包装和产品才能与消费者达成共识，从而使产品得到消费者的认可。

产品属性，是产品本身固有的性质。产品的传播载体、受众群体、传播手段的选择都要围绕着产品所具备的属性而展开。通过把握特定人群的心理和行为特点，进行有针对性的设计，可以满足消费者的情感诉求。消费者在心理上对色彩的认知是多元化的，设计师需找到受众群体对色彩需求的兴奋点，再将切合的色彩应用到整体设计构架中，做到对症下药（图4-18）。

图4-18　在中国，红色与金黄色代表喜庆与尊贵（高彦彬　夏意）

4．综合图文元素构成在包装上的运用法则

包装设计中的整体性构成和骨架是整合各类包装视觉元素的黏合剂，是产品包装中色彩、图形、文字的组合排列，这种组合样式成就了产品包装的整体效果。一款优秀的产品包装设计必然具备好的构成关系。

产品包装必须吸引消费者的关注和喜爱，设计者将各种文字、图形图案进行有目的的设计美化，再通过有规则、有秩序的组合处理，可以大幅度提升产品包装的设计感。每一个成功的包装设计都能体现形式美法则，通过元素之间的疏密关系、大小安排、虚实变化以及节奏感等构成手法，将各个视觉表现要素进行合理组织与布局，达到设计整体的优良效果（图4-19）。

图4-19　越南月饼包装设计

（1）节奏与形式美感

设计元素之间的组织与排列需要与设计形式美感相对应。在此环节的设计中，所有文字和图形图案都可被视觉归纳为点线面的关系，通过点线面之间的大小疏密编排以及色彩的介入，可以使设计整体富有节奏感。点、线、面、色彩、材质肌理以及包装盒型结构的共同作用决定了包装的整体设计风格和效果，设计者应根据产品的不同属性和调性进行设计。面向年轻女性的消费产品一般选择色彩淡雅、浪漫、线条流畅、字形秀丽的设计形式，而面对男性的消费产品则多选用坚毅、阳刚、冷酷的设计风格（图4-20）。

图4-20　包装设计的图文构成（高彦彬　李红玉）

（2）聚散与虚实

聚散与虚实是空间与形体互相依存的关系。包装设计画面的虚实关系要根据设计对象的具体需要而定。在设计中将被强调的设计元素进行清晰明确化处理，而非核心的设计元素将其模糊虚化处理，使主要核心元素内容被强调和放大。在设计过程中，处理好设计元素之间的清晰与模糊、明确与含混等虚实关系，能够使设计的视觉效果得以提升。元素之间的疏密关系在构成法则中非常重要，任何一个设计元素的面积大小、排列分布都需要精心地设计与规划。设计中图案的摆放位置、文字与段落的间隔距离、文字与图形的留白空间、图的正负形关系以及线条的粗细宽窄等问题，都是构成聚散疏密美感的重点（图4-21）。

图4-21　具有极简主义美感的包装设计

在包装元素的聚散与虚实关系中，设计留白也是一种调节虚实疏密的设计手法。在包装设计中，留白所形成的实体空间和虚拟空间没有绝对的区分，二者相辅相成，每一个视觉元素的形态在占据实体空间时还需配合与之对应的虚拟空间，使其在视觉上的动态与张力得以舒展延伸。在编排设计中留出适当的空白，不仅可起到强调和引起注意的作用，还可烘托主题，营造意境（图4-22、图4-23）。

图4-22 留白不仅使展示面干净无瑕，突出主题，还能给人以无限的遐想，体现出高级感

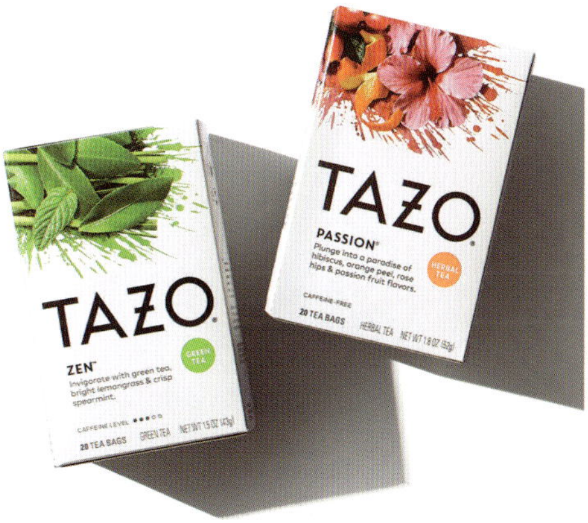

图4-23 包装中适当地采用局部留白的设计手法可以强化设计主题

（3）均衡与对称

均衡与对称的作用主要是使画面具有稳定性，均衡的画面会使人在视觉与心理上产生平稳、完美、和谐的感觉，而对称的图形具有单纯、简洁的美感以及静态的安定感，对称本身也具有均衡感，是均衡的绝对体现。

包装设计中的均衡与对称并非纯粹的物理概念，而是指视觉上的平衡。视觉平衡是指通过合理地组织画面构成要素，使力量保持平等均衡，达到视觉上的平衡感受，因此，符合这种审美观念的造型艺术能给被观看者带来视觉的协调性和美感。处理不好均衡和对称的关系，就会使视知觉产生拉扯的不确定性，使人在浏览时产生不适。均衡与对称所指也并非平均，而是一种合乎逻辑的比例关系，平均虽然也具备稳定的特点，但是缺少变化，没有变化就难以产生视觉张力，所以在通常情况下，设计构图尽量要避免画面的平均分配与划分。对称具有强烈的稳定感，能使画面产生庄严、肃穆、和谐的感觉。比如，我国古代的宫廷御品和器物甚至皇宫建筑都采用对称的手法，以彰显帝王气势与富丽华贵。但对称与均衡相比较，均衡的变化空间远大于对称，因此对称虽是构图的重要法则，但在实际运用中要注意应用的范围和比例（图4-24、图4-25）。

图4-24　左右对称的包装展示面

图4-25　通过系绳来形成黄金分割线划分的包装

（4）个性与共性

构图中的个性与共性，也可以理解为变化与统一、对比与调和。在设计中，设计者往往会以强对比的手法使整个画面充满个性，再通过统一的形式使系列包装具备系统的共性。在系列包装设计中，如果不能做到个性与共性的统一，其想表达的内容就会显得格外生硬，难以呈现出系列包装的整体美感。视觉元素之间的个性因素较多，包括主要视觉关注点和辅助拓展关注点的相互关系、重复与特异的关系、文字或者图案形态的关系等，这些关系在不同设计要素中都有所体现。形态的对比变化，如方正形态与圆滑形态、规则形态与不规则形态、规整形态与零散形态等；色彩的对比变化，如色相、明度、纯度、冷暖等色的对比；方向的对比变化，比如水平与垂直、弯曲与倾斜等；材质肌理的对比变化，如粗糙与细腻的对比、高光与亚光的对比、坚硬与柔软质感的对比等。这些不同的变化都能在视觉范围内产生强烈的视觉冲击力和细节趣味（图4-26）。

图4-26　系列包装的个性与共性

个性是设计元素之间的差异关系，那么共性就是设计元素之间的近似关系。在包装画面中，要通过诸多形式因素的倾向性和近似性构成画面，才能获得协调感（图4-27）。

图4-27　四款包装均有差异，但整体设计效果和谐统一，体现了包装设计的共性与个性（学生作品）

第五课　包装材料与造型设计

学时：8学时

要点：设计与包装材料功能、材料美学表现之间的关系，学习包装常规形态与造型设计方法。

1. 包装设计中的材料语言

图形图案、色彩、造型、材料形成了整体的包装，其中材料是包装最主要的物质载体。如果缺少了材料，任何包装设计都只能称为概念设计，无法进行实际制作。只有借助合适的材料，才能把包装设计方案实物化。

（1）包装设计与材料的关系

所有的包装都是在材料的基础上建构的，材料在包装制作以及生产中起着十分重要的作用。材料的使用和选择与包装功能、产品品质、品牌形象等都有直接或间接的关系，包装材料与包装设计的结合是制作优秀包装的关键，是功能与审美的完美结合。包装设计中的材料运用，既追求功能也追求美化，还要将丰富的内涵融入其中。因此，材料在包装中美学价值的表现是包装设计的一个重点问题。包装材料的物理性能、化学性能及工艺性能等特点在包装中也发挥着重要的作用，另外在不断发展的新技术下出现的各种新型材料，也为包装设计带来了更大的发展空间，使包装设计更加丰富和多元化。

包装材料主要分为自然材料（如木、竹、藤等）和人工合成的材料（如塑料、玻璃、金属等）。不同的材料有着不同的质地和审美特性，材料因为本身肌理特点、光泽度、手感的不同能给人不同的触觉感受，所能引起的视觉感受也不同。如厚重材质给人牢固感；轻薄材质给人飘逸感；粗糙材质给人古朴感；光滑材质给人精致感。包装材料运用得当，不仅能强化包装的艺术效果，还能提升包装的设计品质。任何包装设计都离不开材料的甄别和筛选，选择正确的材料是包装成功与否的前提条件，只有借助合适的材料、合理的搭配，才能把包装风格完美地表现出来（图5-1）。

图5-1　不同材料的包装

（2）材料在包装设计中的美学表现

每一种材料都具有其特有的视觉要素和触觉要素，这些要素决定了包装的整体形象。在包装设计中要根据材料的个性特征来进行选择和使用，并充分掌握不同材料的优缺点及相互搭配后的视觉效果和触觉感受。根据不同包装设计策略，定位不同的包装形象，使用不同的包装材料突出材料色彩、质地、肌理等特点。

人们对材料的认识最先是从色彩开始的，色彩决定包装的基本格调，给人以最直观的感受，从而达到情感共鸣。材料色彩分为固有色彩和人工色彩两种，固有色彩是材料本身固有的颜色，而人工色彩则是对不同材质的包装作表面涂饰处理。设计者通过改变原有色调，可以有效地提升包装与产品之间的联系，突出信息传递的准确性，丰富产品的艺术表现力（图5-2）。

另外，设计者也可以保留材料的固有色彩，使包装设计给人自然、古朴的感觉（图5-3）。

材料质地是包装的又一重要属性。包装中不同质地的材料特性以及视觉美感能给人带来最直观的感受。材料质地在包装设计中主要分为自然质地和人工质地，自然质地是材料本身具有的、天然的独特属性，人们可以通过视觉和触觉来认识并感知材料结构和组织形态，它是物质的自然属性。而人工质地是指通过新技术和新工艺等人为手段进行的人造质地美感表现。

肌理是材料的表面形态和外在纹理，它能够表现材料表面的形象特征。肌理可以是材料纹理的视觉效果，也可以是材料纹理形态的触摸感知。肌理在包装设计中的价值主要体现在视觉和触觉两个部分。包装制作工艺中的印、染、烫、镀等技术工艺除了功能的追求外，也在追求肌理的产生。因此在包装设计中，只有对材料的色彩、质地、肌理进行合理的应用，尊重材料的美学特征，才能彰显其质地的美感（图5-4）。

图5-2　玻璃的通透质感结合金色设计突出产品包装的尊贵与华丽

图5-3　木制材质包装

图5-4　采用烫金工艺和肌理能够使包装更加出彩

（3）包装材料的选择与利用

材料在包装设计中既是包装组成的物质载体，又是自身魅力的体现，它的存在对包装设计有着直接的现实意义。包装设计要求体现结构、质地、工艺之美，因而设计中必然要充分利用包装材料的美学特征。当下科技发展迅速，新型材料层出不穷，面对种类繁多、功能各异的材料，要求设计者熟练掌握材料的工艺技术，了解材料物理及化学性能，利用材料的本质属性为包装设计服务。如内部结构常规化的轻型产品包装适合选用纸质材料，易挥发产品或者液体产品的包装适合选用玻璃材料，散装食品适合选用塑料材料等。设计者要针对不同产品的本质属性选择不同的包装材料，在包装设计中应善于对材料的合理运用，不仅要利用材料解决功能问题，也要尽量通过材料的自身属性解决美学问题。

（4）包装设计的常用材料

①纸张。

包装纸是用于包装保护产品纸张材料的统称。纸包装具有易加工、成本低、便于印刷、可折叠、质量轻等优势。包装用纸可分为一般包装纸、特种专用包装纸、防伪商标纸、防水包装纸和防油包装纸等。包装纸通常具有比较高的物理强度和韧性，不同的包装用纸具有不同的特性与功能。例如，感光防护纸不透光，可用作避光产品的包装材料；防油包装纸具有防油脂渗透的性能；防潮包装纸具有防潮性；商标纸是经印刷后做包装之用，是包装最常用的材料之一。

在包装设计中，常用的包装用纸主要有牛皮纸、羊皮纸、纸袋纸、塑料纸、瓦楞纸、锡纸、防潮纸、半透明纸、防锈纸、防油纸、食品包装纸、石蜡纸、红电光炮纸、真空镀铝纸、复合纸、特种纸等。能用于包装设计的纸张材料，一般都具有较高的曲折韧性和一定的抗水性。根据各类产品的不同属性，所使用的包装纸也具有相应的特殊性能。例如，水泥、化肥等产品包装袋通常选用多层纸袋，包装纸也多选用三层以上的纸制成，这种包装纸往往要求物理强度高、能够载重和对抗冲击，并且还要求有适当的透气度。食品的包装用纸规格最为严苛，种类也是相对较多的，食品类包装在一般情况下会有外部包装和内部包装两个部分。在包装内部，直接接触和保护食品的包装称为内包装，内包装选用的纸张应具有防潮、防菌、防粘、抗氧化等特性，而外包装纸则更多是美化和保护商品，除了物理强度的要求外，还要求洁净美观，适于印刷多色的商品图案和文字。乳制饮品、果汁等液体饮料的包装纸，要具备很好的防水性和防渗透性。如果还需延长其产品的质保时间，在包装的选择上，需选用纸与金属薄膜复合、纸与塑料及金属薄膜复合的特种饮料软包装纸。为适应金属类产品的防锈需要，在这类产品的包装纸张选择中可以选择具有良好抗氧化作用的防锈纸。用于制造纸箱、纸盒和包装衬垫的纸张材料可以选择物理强度较高的厚纸板和硬纸板（图5-5、图5-6）。

图5-5　包装常用的纸质材料

图5-6　各种不同质地和肌理效果的特种纸

②木质材料。

木质材料泛指被应用于商品保护、支撑、运输和装卸的木材以及人造类密度板、三合板等后加工类木制产品及材料。它具备良好的环境性能，被用作包装材料时能发挥其木材性能的优势，例如，它具有高抗压特性、抗机械损伤能力、高承重性和缓冲性能等。在取材方面，木材的采集和制作比较容易，同时也便于回收和再利用。但是，木材包装因为其特性也存在一些使用限制，如防火性能差、容易生虫、在温度和湿度高的情况下容易发生弯曲变形和断裂等现象。

图5-7　木质材料的包装

木材除了在大型装载包装中应用外，现如今也越来越多地被引入商业高端产品礼盒制作中，以提高其产品的品质，因此木质包装越来越受到市场和商家以及消费者的认可和喜爱，在很多领域也得到了广泛应用，如涉及民间文化的产品也经常会选用类似于木材等原生态材料的包装（图5-7）。

③天然原材料。

天然原材料凭借土乡土味和绿色自然的纯净特质制成的包装散发出古朴纯粹的文化气息。自然的材质拥有或粗犷、或细腻的独特肌理质感，甚至有些品类的天然植物材料会散发出其附带的香气，如竹子、陶制品、植物藤蔓、植物茎叶等。在生产和设计过程中，将这些原材料应用进来，即体现了中国天人合一的美学思想。在现代的包装设计中，很多优秀的设计案例都采用原生态材质，如陶土瓶为酒容器、配合麻绳捆绑、雕琢的木质储物盒、印花布所缝合的储物袋、藤编器皿等，这些原材料包装都能使人留恋于绿色自然的心境、品读万物原色，在平凡的包装设计中感受自然和谐之美（图5-8）。

图5-8　采用天然原材料包装，可以给产品增添一份绿色环保、古朴清新的感受

④亚克力材料。

亚克力材料是当下设计材料领域应用极其广泛的人造材料，亚克力又被称为聚甲基丙烯酸甲酯（Polymethyl methacrylate，PMMA）或者丙烯酸塑料。亚克力材料具有很强的可塑性，同时也具备较好的透明性、化学稳定性和物理稳定性，从其制作方面来讲，亚克力材料染色难度小、容易加工、外观优美，在设计及传媒行业中应用广泛。亚克力制品种类繁多，有亚克力塑胶粒、亚克力灯箱、亚克力板、招牌、亚克力浴缸、亚克力人造大理石、亚克力树脂、亚克力乳胶漆、亚克力胶黏剂等产品。

亚克力材料包装透明度极佳，透光率可高达90%以上，化学性能稳定，抗老化性能强，在多种外部环境下也能正常发挥作用。亚克力包装品种繁多、色彩丰富并具有极其优异的综合性能，为设计者提供了多样化的设计选择，还可配合各种与包装相关的制作工艺，如染色、喷漆、丝网印刷或真空镀膜工艺等（图5-9）。

图5-9　亚克力材料的包装

⑤玻璃材料。

玻璃在正常温度下呈现为一种透明性极高的固体材料，在熔融时形成连续网络结构，在冷却过程中黏度逐渐增大并硬化为不会结晶的硅酸盐类非金属材料，有时把一些透明的亚克力称为有机玻璃。玻璃通过不同的工艺还可制作出颜色各异的有色玻璃或钢化玻璃等。

玻璃材质除了被建筑和居家设计大肆应用外，越来越多的包装设计也开始通过玻璃材质来提高其自身的装饰性和综合品质。玻璃包装材料具有多方面的功能属性，首先玻璃包装材料具有非常优良的阻隔性，很多白酒类包装会选择玻璃材质，可有效防止酒精挥发。玻璃包装材料也可轻松实现多次循环利用，节省资源和经济开销。玻璃包装材料安全卫生、有良好的耐腐蚀能力和耐酸蚀能力。此外，由于玻璃包装材料适合机器自动灌装的生产技术，在卫生审查过程中拥有明显的生产优势。

对于玻璃材质包装而言，易碎性是它的一大劣势，许多玻璃包装在运输和使用过程中容易出现破碎的情况，如何确保玻璃器皿的完好也是包装设计者在设计过程中的一个重点（图5-10、图5-11）。

图5-10　玻璃材质包装（高彦彬　刘署源）

图5-11 陶瓷与玻璃材质包装（袁恩培 高彦彬）

⑥金属材料。

在我国当下包装市场中，应用金属材料的包装制品数量越来越多，仅次于塑料包装材料，因此金属包装材料也是当下市场四大包装材料之一，在现代包装制作材料中占有重要地位。一般情况下，金属材料包装具有优异的封闭阻隔性能和优良的整体防护性能，金属材质包装的隔水性和遮光性很强，能很好地避免紫外线和湿气对内部产品的不良影响。它在抗氧化性、防潮性、遮光性等性能方面远远优于纸类材料、塑料材料的包装。因此，金属包装能为内装物提供优良的保护性能，有利于长时间保持商品的质量。

除此之外，金属包装材料还具有良好的延展性和较高的物理强度，可以进行冲压、轧制、焊接等多种工艺的加工，在器械化操作方面具有优良的可加工性（图5-12）。

图5-12 金属材料具有良好的延展性和较高的物理强度

金属依靠其特有的光泽与质感，配合细致精美的装潢印刷，可以使商品外观大气尊贵，提升产品档次，彰显品牌品质，且具备很强的卫生安全性。金属包装容器及内涂料一般均能达到卫生安全的要求，同时便于携带和使用，能适应不同的气候条件，但金属包装材料比其他包装材料的价格高，综合包装成本也较高，因此一般适用于金属类包装的产品大多为中高档产品（图5-13）。

图5-13　金属材料的包装

2. 包装造型设计

包装造型设计是一门空间艺术，是通过各种不同材料和加工技术来创造立体的形象。包装造型设计需要根据包装商品的形态、形状、质量等特征以及其他要求，选择特定的材料及制作方法，进行科学的制作与生产。造型设计是包装设计的重要组成部分，合理的包装造型有利于实现包装的实用功能，而标新立异、富有创新的造型能提升包装美感、加强设计的艺术性和趣味性。包装造型设计是包装整体设计的载体，优美的造型设计为包装的视觉传达奠定了良好的基础，是优秀包装设计的关键所在。

（1）包装造型设计的原则

包装造型设计在其形态的选择上，需要以人机工程学、运输方式、陈列环境等诸多因素为依据，严格遵守包装造型设计原则来执行。

①包装造型的合理性。

合理的包装造型结构能提升包装的使用性，为消费者带来舒适和方便。追求包装造型的合理性必须以产品为参照依据。首先设计者需要进行市场调查，查阅资料，熟知产品的各种属性及特征，了解产品的用法用量。然后再针对产品各方面的性能和消费者的需求去对产品进行包装结构造型设计。否则，就会脱离实际，给消费者带来诸多不便。例如香水瓶的设计，从合理性的角度来看，由于香水比较昂贵的经济价值和便携性的要求，决定了它的容器造型比较小巧精致，这也是在市场上买不到像水杯一样大的香水瓶的原因。设计是人类有目的性的创造行为，人是社会的一部分，是商品交换的执行者，因此在包装造型设计中，应该优先考虑是否适合人使用，是否具有其合理性。我们以香水包装设计为例，由于香水的主要成分是香精和酒精，一般香水瓶的容量和口径都比较小。这样设计的理由在于可以减少香水的挥发、控制使用时的流量和便于手拿、按压和随身携带（图5-14）。

图5-14　香水包装往往小而精致

②包装造型的安全性。

包装造型设计必须在选材及造型上考虑操作的安全性。这就需要设计者了解产品的化学特性，不能选择能够与产品发生某种化学反应的包装材料，以免发生意外或危险。包装造型不宜太过锋利和尖锐，在使用者能接触的部位尽量圆润或平缓，避免接触时伤害使用者（图5-15）。

③包装造型的实用性。

包装造型设计必须具备容纳和保护产品的实用价值，这是产品包装最基本的功能。在进行产品包装造型设计前，需要以适当的材料、准确的结构和严谨的造型来达到保护功能，防止外界因素导致产品的损坏。

④包装造型的认知性。

包装造型的认知功能是指消费者通过包装结构造型能够了解产品的性能或特性。消费者对产品的第一印象就是其包装的大概轮廓，设计师应通过包装容器的造型来传递一些产品的信息给消费者。

图5-15　将瓶盖作了竖纹处理，加大了与手的摩擦力，方便使用者开盖和闭盖。凸出的文字和图案处理较圆滑，没有尖锐的部分，避免划伤

⑤包装造型的审美性。

随着人们生活水平的提高，人们对商品的要求不止满足于好用，还要追求好看。因此，包装造型设计要体现其造型美感。富有美感的包装造型能给人以赏心悦目的感受，唤起人们的生活情趣和价值体验，提升品牌价值和产品品质，使产品对人具有吸引力（图5-16）。

图5-16　产品包装中的造型设计同样需要美感（高彦彬　王巍）

⑥包装造型的可实施性。

包装造型中的物质技术既能实现包装的生产，也能限制包装的制作。包装造型设计运用相应的材料和加工技术必须能够实施，实现从设计到生产再到产品的转换。因此，在设计前必须了解当前的生产技术水平和物质条件，包装设计结构图必须科学严谨，不能脱离实际，天马行空；否则，设计物体将永远不能转化为产品服务于社会（图5-17、图5-18）。

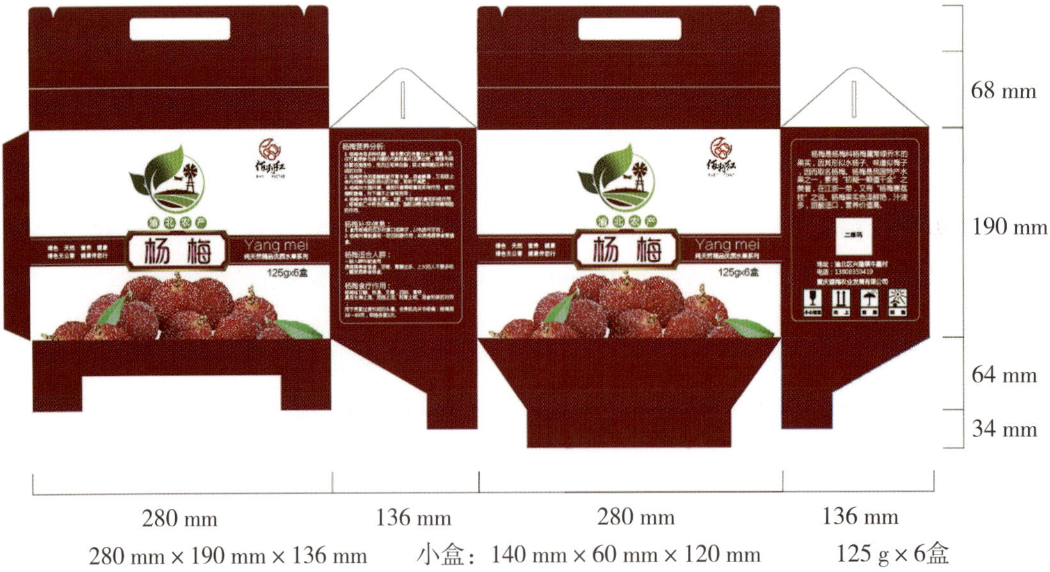

图5-17　包装设计图要有准确的展开结构和尺寸

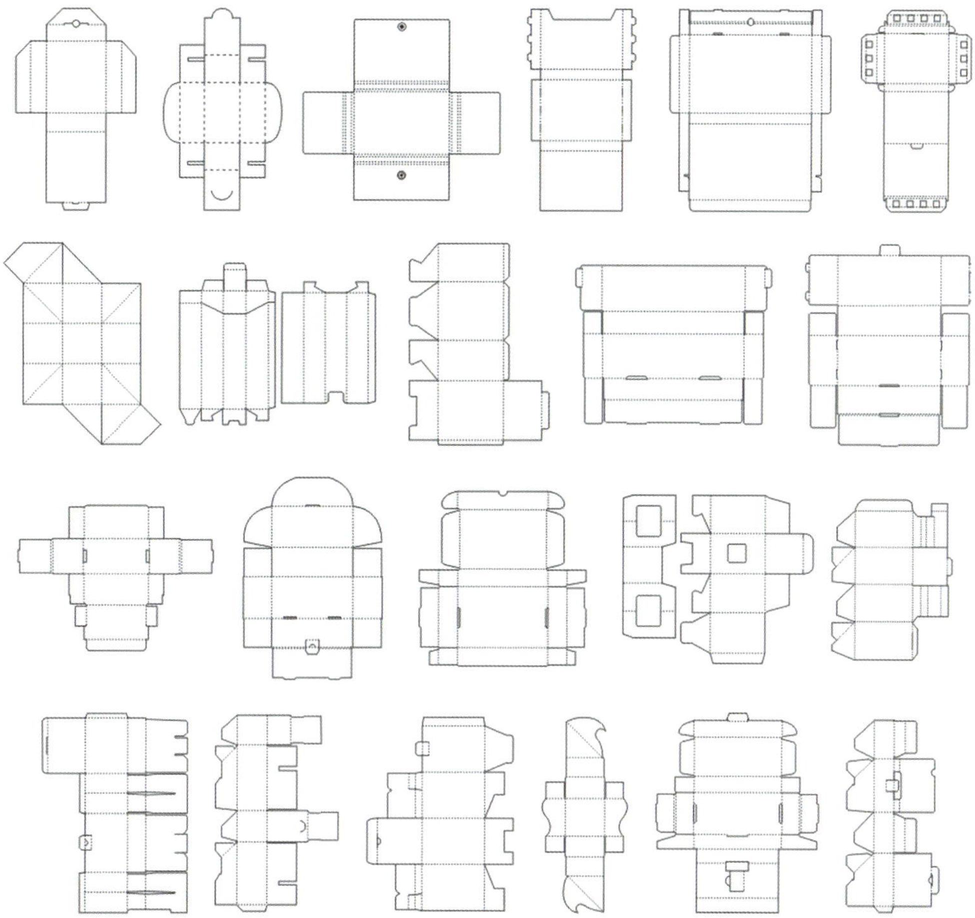

图5-18 部分包装盒型结构图，详见《包装结构设计大全》

包装的造型大致可分为圆柱体类、立方体类、圆锥体类、异形体类以及有关形体的组合或不同切割所构成的各种形态。无论针对哪一类包装造型设计，都需用立体的眼光来对待。在设计和学习的过程中，需要制作包装实物或者立体效果图，以便于对设计进行最直观的把握与判断。

（2）包装造型设计的形态变化

自然界中的实物形态、姿态、形式不尽相同，各有特色，在包装造型设计中的形态也同样丰富多彩。包装造型设计对形态的把握有着对艺术品一般的审美需要，是产生包装艺术美感的抽象语言。

①动感。

动感意味着发展、前进、均衡等好的品质，是指运用渐变的方法形成视觉上的时间变化和空间变化，在包装造型设计中常常运用弧线和曲面来表现包装造型的动感。

②体量。

体量是指物体尺寸大小和重量综合给人的心理感受。在设计中要注意包装前后、纵深、高低等多维度的相互关系。依据产品特性对包装体块形态进行叠加、重组，把握好包装造型体块的空间关系和空间比例尺度。在包装造型设计中常采用局部剪切、增添、翻转、缺失、挤压等方法来形成较好的设计效果（图5-19）。

图5-19　金支玉液酒包装设计（魏超）

③凹凸。

凹凸是包装造型设计中一种常用的表现手法，在包装形体的局部制作出凹陷或凸起的效果，也可在包装细节处理上调整位置、弧度、大小等。通过凹凸能加强包装造型的细节处理，提升包装品质（图5-20）。

图5-20　以古代士兵头盔为原型的酒包装设计，大量运用凹凸手法（魏超）

④饰线。

饰线是指在包装造型局部细节加以线形装饰的处理。设计者通过线形装饰的裁切深度、方向及分割等手法可以使包装产生不同的视觉效果（图5-21）。

图5-21　采用凹凸、饰线、不同材质等方法设计的包装（高彦彬）

⑤肌理。

在包装造型的形体表面应注意增添适当的肌理效果来提升包装的装饰美感。肌理在处理手法上可以是整体的、规则的，也可以是局部的、无序的（图5-22）。

图5-22　包装上不同的肌理质感（高彦彬）

第六课 包装设计的创意方法

学时：2学时
要点：学习包装设计创意方法，了解设计创意执行过程。

1. 头脑风暴法

头脑风暴法（Brain Storming）指利用集体的思考，发生连锁反应以引导出创造性思考的方法，是由美国BBDO广告公司的奥斯本首创。在包装造型设计中，该方法主要指包装设计工作小组人员在正常融洽和不受任何限制的气氛中以会议形式进行讨论、座谈，打破常规，积极思考，充分发表设计观点（表6-1）。

表6-1 头脑风暴法实施步骤

1	确定头脑风暴的目的，将包装设计问题或题目写在白纸板上	
2	确定使用哪一种头脑风暴的形式（结构化/非结构化）	
3	与设计团队回顾头脑风暴会的基本原则	
4	结构化的头脑风暴	非结构化的头脑风暴
5	个人任意地说出想法	个人轮流地说出想法
6	当团队的想法阐述完毕后，主持人可用提问的方式来促进更多的设计想法产生	
7	当完成以上步骤后，主持人可根据包装设计命题要求组织大家进行观点评判和筛选，以得到最佳的设计创意方法	

头脑风暴法一般以小组为单位，人数10～15人（课堂教学也可以班为单位），最好由不同专业或不同岗位的人员组成；时间为20～60分钟；设主持人1名（主持人只主持会议，对设想不作评论）；设记录员1～2人，要求认真将每位与会者的设想都完整地记录下来，不论好坏。

在展开头脑风暴时，为使与会者畅所欲言，互相启发和激励，达到较高效率，必须严格遵守以下原则：其一，讨论过程中禁止批评和评论，只有这样，与会者才可能在充分放松的心境下，在别人的激励下，集中全部精力开拓自己的思路。其二，讨论目标明确，追求创意数量越多越好。其三，鼓励巧妙地利用和改善他人的设想；每个与会者都要从他人的设想中激励自己，从中得到启示，或补充他人的设想，或将他人的若干设想综合起来提出新的设想等。其四，主张独立思考，不允许私下交谈，以免干扰别人思维。其五，不强调个人的成绩，应以小组的整体利益为重，注意和理解别人的贡献，创造民主环境，不以多数人的意见阻碍个人的新观点的产生，激发个人提出多更好的主意。

2. 双钻设计模型法

双钻设计模型法由英国设计协会提出，该设计模型的核心是：发现正确的问题、发现正确的解决方案，可以运用在包装改良设计中。双钻设计模型法主要分为四个步骤（图6-1）：

第一步：发现问题——包括了解客户及消费者需求、产品当前销售状况、消费者对产品的态度、竞品分析等，最终得到一系列的调查结果。

第二步：定义问题——这一阶段需要明确当前最关注、最需解决的问题有哪些，并根据设计团队的资源状况作出取舍，逐渐聚焦到关键问题上。

第三步：确立方案——即把前期所发现的问题具体化，进而构思包装改良设计方案，并评估可行性。

第四步：方案制作——把上一阶段确立的解决方案进行逐个分析验证，选择出最适合的方案进行设计制作。

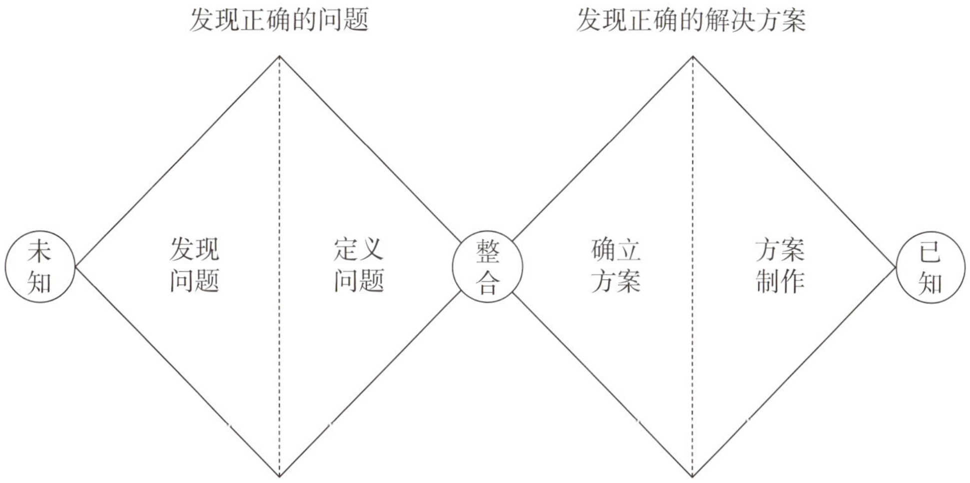

图6-1　双钻设计模型法的实施步骤

3. 质疑创意法

质疑创意法又称为5W2H1E法，包括What，Who，Where，When，Why，How，How much，Effect八个方面，是一种常见的思考与设计方法，在各个学科领域都有着广泛的应用，主要按以下三个阶段进行：

第一阶段：分析阶段——Why（为什么），即设计师拿到设计命题时，首先应对命题需求进行剖析，明确客户为什么要做这个包装设计，他们的预期目标是什么？

第二阶段：设计阶段——Who（人物），即此产品包装的目标受众是谁，他们偏好什么样的设计风格？Where（地点），该产品包装在何地销售，线上与线下销售设计方法是否有所不同？What（对象），即在包装中具体要做哪些图形、文字、色彩等设计，一共有多少要素需要做？When（时间），即什么时候交付，设计是否能如期完成？

第三阶段：审核阶段——How（方法），即整个设计方案如何实现？How much（价格），即设计的成本有多高？是否需要砍掉不合理的设计方法？如对包装材料的选择、盒形的设计、印刷方式的采用等。如果整个包装设计成本过高需要修改，那么就回到Why的问题上，如此重复循环，直至设计完成。Effect（效果），即此设计会有什么样的效果，是否符合客户预期目标等。

第七课 文化元素在包装设计中的运用

学时：8学时

要点：了解当下包装市场环境在互联网时代所面临的问题和发生的变化；探讨在电子信息时代市场对包装的新要求。

1. 传统文化在包装设计中的运用

随着世界范围内的数字科技革命和人类物质文明的高度发展，国家的民族性逐渐消减，被国际化所取代，国际化的通用表现为成型，而具有民族性的表现，也势必形成自己的视觉语言效果。越是民族的越是世界的，这些民族文化丰富了包装设计体系。传统文化元素是中国文化的精髓，在现代设计中，越来越多的人已经意识到它的可贵之处，在设计中不断地开发和利用，从而使民族文化被一代代地传承下来。

我国民间文化及美术中的许多图形和文案都具有很强的吉祥寓意、装饰美感和古朴的原生态艺术魅力。针对和民俗文化相关联的产品包装，尤其是在旅游产品的整体形象设计中，中国传统民间文化及艺术元素是包装设计和艺术创作取之不尽的源泉。例如，古代墓穴岩画、石窟壁画、古代器物上的图案图形、发饰及服饰的图案等，这些传统图形图案都是包装设计者在设计行为过程中可以借鉴和应用的丰富资源（图7-1）。

图7-1 虎头鞋包装，强调民俗文化

民俗纹饰中的色彩、图案、纹样、文字以及各种民族文化符号与设计手法作为包装设计的视觉元素，时刻为包装设计提供长久的养分，民族文化自身特定的社会环境、社会历史和民族精神也成为民族性设计的源泉。但值得注意的是，我国民族众多，文化内容体量庞大，在设计中需做详细的调查与解读，梳理文化传承脉络，了解文化组成构架，深谙文化含义，切不可随意拼凑，胡乱嫁接。除此之外，还需认识到，民族文化不能独立存于社会中，只有与当下整体社会文化不断交融、相辅相成才可得以演变与发展（图7-2）。

图7-2　具有重庆綦江农民版画元素的手提包（高彦彬　丁玉楠）

（1）传统图案的应用

对于包装设计而言，除了传承传统文化外，中国传统文化的元素也更多地被嵌入包装设计中，这些图案既有传统装饰性图案，也有民间图案或是标志性的人文建筑图案等。在包装设计过程中直接提取传统图案的造型，采用现代的表现手法或技术，将传统图案造型的对称、虚实、统一等特点完整地体现在包装设计中。除此之外，也可打破原本的图案造型，提取传统吉祥图案的特征进行简化性、个性化的创作，将传统图案的象征性应用其中，如吉祥寓意纹样云（代表祥瑞）、蟠桃（代表长寿）、蜘蛛（知足）、公鸡（吉祥）等形态。包装设计面对传统图案元素的提取，最值得一提的就是龙的引用，龙作为中华民族的图腾，是权力的象征、是祥瑞的象征，将其应用到包装设计中，不仅体现出包装的民族文化特性，还加深了消费者对产品的美好印象。在包装设计中，传统图案的设计表现符号突出了东方审美的意蕴，尤其对现代文化的新诠释，丰富了设计表现，在探索与碰撞中出现了更多的良性沟通（图7-3）。

图7-3 广东舞狮文化元素在设计中的体现（高彦彬 杨胜鸿）

（2）传统水墨书法在包装中的应用

水墨是中国画的一种表现形式，作为传统艺术中的佼佼者，它单纯以水和墨作画，墨又有焦、浓、淡、干、湿的变化，通过生宣的浸入，带有独特的墨韵，成就了中国的水墨精神，也有写意精神之说，更有生命精神、水墨气象的魄力。水墨成为中国传统艺术的一个代表，其独特的简洁形式和丰富的审美意境，看似简单实则丰富。这些元素在包装中的运用不仅可以提高包装设计的文化特性，同时又使得包装设计在整体的设计效果上技高一筹。一根线条、一块墨团都可增强设计作品的画面感，强化了艺术效果，给受众营造出了一种独特的审美意境，展现出了浓浓的人文情怀和文化品位，在世界多元化的背景下显得弥足珍贵。

文字符号的书写法则被称为书法，按照文字的特点含义，以用笔笔法、结构构架、经营章法使之成为独特的艺术形式，是无言的诗，也是无行的舞、无图的画、无声的乐等。就如余秋雨所言，“在世界上，只有一个民族用一种单色的线条维持了几千年的审美活力”。书法艺术流传至今，凸显东方艺术独有的情绪与魅力（图7-4）。

图7-4 书法笔墨在包装设计中的体现（重庆大学视觉工作室）

现在很多设计师借鉴书法艺术，根据产品选择不同的书法字体，将其应用于包装设计中，体现出设计独特的表现性与丰富的艺术感染力，还将充分展现出来。传统艺术的书法也备受设计师的青睐，在包装设计中加入书法元素，不仅使消费者可以在闲暇之时领略书法之美，还使包装更具民族化。在国内的茶叶、白酒、器具的包装中，有关书法的设计应用颇多，素色的背景用草书或行书书写出与产品相关的精美书法，点缀相应的图案，既很好地装饰了该包装，又同商品的属性相吻合。在另一些饰品、香水的包装中，尤其是传统意味较浓厚的商品包装中，通常会聘请知名书法家题写品牌名，再应用美化的手法，使商品的内涵更为突出。在有些食品包装中，文字的排列极为丰富，字体也更为多变，呈现出活泼的、动感的、诙谐幽默的图形。在有些电子产品包装中，为了迎合现代人们简约时尚审美的偏向，会搭配简洁、年轻化的字体，使之具有高科技的时代特性（图7-5）。

在当前世界一体化的趋势下，传统的书法艺术在世界的浪潮中独树一帜，散发着独特的艺术魅力，在这样的背景下，其价值与魅力尤显珍贵，将书法应用于包装设计中，可使消费者在关注与使用中激发民族自豪感，感受纯粹的意境之美。

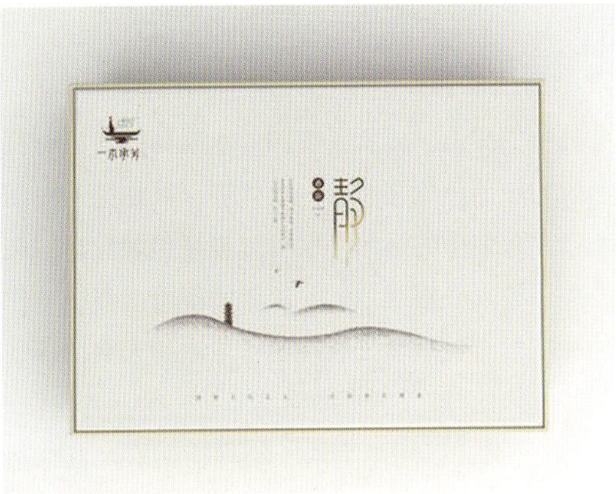

图7-5　具有禅意的包装设计

（3）民间剪纸与皮影在包装中的应用

民间艺术也是重要的文化元素，它不但给包装设计以新的思路，同时还使包装设计能够借助民间艺术，设计出更多个性化的作品。如在春节这种团圆的节日中，很多礼品包装采用中国红，或用剪纸、皮影这类传统艺术来提升包装设计的品质，突出节日的喜庆，营造出过节的氛围，而且也极易被消费者所接受。民间艺术的引入不仅改变了现代的包装，还给包装设计新的支撑，使包装设计的内容和理念得以创新、设计思路能够不断升级迭代，从而使包装设计在借助传统书法艺术的同时，实现新的发展。这些都足以让我们认识到传统艺术元素与包装设计的完美结合，从而推动包装设计的发展（图7-6）。

图7-6 皮影艺术表现形式在包装设计中的体现

2. 流行文化在包装设计中的体现

流行文化属于文化的范畴，它是与高雅文化相对而言的，具有一定的复杂性和灵活性，一直以来深受人们的喜爱，其主要功能是娱乐。流行文化在生活中通常有不同的称呼，如“大众文化”“群众文化”等，它是人类社会的一起文化行为，也包含如今商业化了的文化产业。对流行文化的界定多在音乐、文学、设计等领域，这也说明流行文化是时尚、摩登、前卫、娱乐、休闲、流行方式、品位等观念所组成的一个复杂而多变的概念体系（图7-7）。

图7-7 现代感是时尚和前卫的前提

流行文化在包装设计中能更好地与大众消费者建立起情感的纽带，合理地将流行元素融入包装设计中，便可使设计紧密结合产品同时更具个性，易于消费者接受，更好地为消费者服务。

（1）波普艺术在包装设计中的体现

波普艺术于20世纪50年代初在英国萌芽，于50年代中期发展至美国才真正到达顶峰，在这一时期主要针对当时主导欧美画坛的抽象表现主义艺术而起，在反对声中触动了整个西方现代主义艺术的基础，使艺术发生了巨大的转变，波普艺术也由此具有了文化思潮的特征和意义，并真正成为西方艺术史上的一大转折，在当代文化艺术发展道路上有着不可替代的价值与地位（图7-8）。

图7-8　具有波普艺术风格的包装设计

波普的英文“POP”是“popular”的缩写，即流行的、大众的。波普艺术受美国浓烈的商业气氛、电影、卡通、标志、摇滚及杂志的影响，使艺术通俗易懂，并且人人可参与，拉近了艺术与大众的距离。进入商业时期，人们的消费需求增大，大批量的生产，形成以新闻、电影、商业为中心的大众文化体系，最具代表性的艺术家安迪·沃霍尔将快速并可大量印制的丝网印刷方式与波普艺术的形式置于纸箱包装和罐头包装上，形成了一种新的设计。针对产品，则看重的是其时尚性与直接性，着重体现包装的品位而非产品特质，而这也是对传统包装的颠覆，这种直接应用到消费品中的艺术一直被沿用至今。

波普艺术的大众化，设计中所追求的新奇、独特、色彩的大胆对比，使人眼前一亮、耳目一新，这些都极其符合当下人们的审美偏好（图7-9）。

图7-9　新奇、独特、色彩艳丽的设计风格符合当下年轻人的审美偏好

（2）时尚文化在包装设计中的体现

时尚是一个时代的文化缩影，是“时代精神”的风向标。受到大众的认可与接受，被人们争相模仿与传播，在大众的时装、饰品、妆容乃至人们的审美偏向、审美活动的所有物质与精神生活的领域，时尚已成为现代生活不可或缺的一种文化现象。时尚文化具有极强的时代属性，直观地表现着一个时代的审美倾向与诉求，具有创新性、娱乐性、消费性等特征。只有不断地快速更新与变化，时尚才会被人关注、受人模仿，生命力才能被延续。此外，时尚文化还有娱乐特性，大众追求时尚，以时髦新奇的事物博得一定的优越性，从而获得心理的满足，具有娱乐身心的作用（图7-10）。

图7-10 时尚文化在包装设计中的体现

作为流行文化的组成部分，时尚引领了不同年龄阶段的消费群体，受时尚文化影响，包装设计中也呈现出时尚的特性。包装设计在包装结构、色彩、图案、元素等方面都趋于迎合现代人的精神品质。设计师的包装设计理念与现在的时尚审美相去甚远，会使包装显得庸俗，这样的设计对于消费者来说难免会觉得过时，无法获得认可，尤其是倾向于礼品的包装，更是要紧随当下流行文化。

（3）动漫与插画艺术在包装设计中的体现

动漫，即动画、漫画的合称，指动画与漫画的集合。日本是动漫强国，日本动漫最早发源于1917年，具有较强的民族特色，作品精致而小巧，具有超现实的想象空间，能将大众的奇思妙想完美展现。时至今日，动漫已经完全融入人们的生活中。

动漫能够营造出风趣幽默的休闲氛围，方便品牌的核心理念传达，动漫可以渲染一个品牌形象，借助它生动的形象，拉近与消费者的距离，增加亲和力，建立品牌的认知度，无形中可为企业带来丰厚的收益。人们较为熟悉的米老鼠、海尔兄弟、Kitty猫、海绵宝宝、小猪佩奇、喜羊羊、哪吒等，在相关产品的开发中，通过简洁概括的表现手法模仿动漫的形态特征，使设计更为鲜活。将动漫文化应用在包装设计中，主要是以图形、符号、字体来展现（图7-11）。

图7-11　运用插画手法设计的包装（高彦彬　袁跃兰）

谭木匠迪士尼公主系列的“公主梳”，产品的设计中还原木兰公主的原型，在产品的外包装中，将木兰公主的形象置于其中，给人以青春、坚忍、飘逸的魅力，一改谭木匠的成熟韵味。除此之外，在包装的结构形态中，也采用动漫的形式，对材料和制作工艺进行充足的调查研究后，将包装的形态和产品的形态相协调，使产品的外包装打破规矩定式，呈动漫卡通的趣味形式，引起了消费者的注意（图7-12）。

图7-12　谭木匠迪士尼公主系列的“公主梳”

插画在中国被称为插图，对于现代设计而言，是一种重要的视觉传达形式，用具体的形象将生活的表现化、美的感染力广泛应用在商业活动、文化活动、社会公共等多个领域。在设计领域以商业插画为主，插画将产品的信息简洁明了地传递给消费者，引起关注，使之信服商品，在审美的愉悦中促成其商品的交易。好的插画设计可以为产品的包装提高附加值。根据企业的商业定位，采用一系列的手段达到理想的艺术效果，为企业带来最直观的宣传推广与服务。农夫山泉在新包装中就采用一系列的插画手法，构图精致，色彩清新、柔和，形象鲜活生动，深受年轻人的喜欢（图7-13）。

图7-13　农夫山泉包装设计运用的插画元素

第三单元
包装设计发展趋势与信息技术运用

课　　时： 14学时

单元知识点： 本单元主要了解当下商业环境中包装设计的发展趋势与新的要求，以及电子商务环境下的包装特点与设计要点；结合前文所学内容，学习和思考包装设计的发展、深化、拓展包装设计知识内容，培养学生主动获取新知识、思考新问题的习惯，提高学生的思维拓展能力和创新能力。

第八课　包装设计的发展趋势

学时： 8学时

要点： 在新的市场环境下了解包装设计的发展趋势，掌握现代包装的设计理念。

包装设计从工业化大生产开始直至今天的大数据人工智能时期，所经历的一系列变化，无论是观念或者是技术形态等，都在不断地革新，在革新更替中逐步出现一些不同的发展趋势。

1. 包装的可持续设计

可持续发展的理念是20世纪70年代在联合国人类环境研讨会上被提出的，旨在满足国家发展和人们生活需求的同时，能够节约地球资源，既不对自然环境与资源造成更大的污染与消耗，不对后代造成负面影响，又能保证当下社会发展的理念。

随着可持续发展观点被全世界认同，各行各业在生产发展过程中开始依据此观点进行调整和改进，在包装设计中也不例外。就包装设计而言，可持续的特点主要体现在能够循环、多次利用、防止过度包装这三个方面。循环是指当生产出来的包装被使用过后，其废弃包装材料成分能够在短时间再次返回到生产场所，成为可供制作和利用的原材料。多次利用是指包装可以具备多种实用功能或具备较高的质量和品质，在使用过程中能够多次重复利用或者满足多种使用诉求，延长包装的使用寿命，拓宽包装的使用范围，推迟其成为废品的期限。防止过度包装旨在包装设计和制作的过程中，能投入较小的成本和制作原料，降低能源的消耗，使包装、产品和价格上达到高度的平衡和统一。根据节能可持续观念进行包装设计，既能有效缓解自然资源的消耗与浪费，也能降低社会经济负担和成本压力（图8-1）。

图8-1 此包装解构后可重组成灯具，具有多重功能

2. 包装的人性化设计

人性化在包装设计中不断被强调，而在农耕时期，人们只是针对包装而包装，伴随社会经济的不断发展，现代包装开始倾向于对人的行为习惯、生理心理、思维方式的了解。在原有包装设计的基本功能之外，对人展开跟踪了解，进而优化现有设计，使消费者使用起来更为方便、愉悦，从可以使用到快乐使用的改变，这些都体现出现代设计对人的心理生理需求和精神追求的尊重与满足，也充分体现了设计的人文情怀。人性化在包装设计中已成为必然的趋势（图8-2）。

图 8-2 通过拓展包装的功能来体现设计的人性化

包装设计的人性化主要体现在包装的运输环节、生产制作环节、开盒使用环节、市场营销环节、废物回收环节等诸多方面。例如，在包装设计人群定位中，针对小孩和老年人的包装设计需要强调将保护受众自身安全作为优先条件，面对儿童和医药类产品的包装材料可选择无毒性或者可食用的材料；针对残疾群体的无障碍设计，在设计中需考虑使用声音或触觉等辅助手段来方便他们的使用。在产品包装的运输环节中，需要重视人体工程学和人体力学，小到一个手柄、一个把手、一个卡扣，都要保证其位置适合于人体构造，在使用过程中尽可能使人感觉到舒适与安全，避免对人造成伤害等。在生产制作环节中，尽量做到便于输出、节省加工制作材料以及降低时间成本和劳动力的过度消耗。在开盒使用环节中，应注重包装的结构设计，以能够节约空间、突出包装的便利性和恰当性为主要考虑因素（图8-3）。

图8-3　节省空间、开启便利的包装结构设计

在市场营销环节中，需要突出对目标受众的行为习惯和身体状态的关注，形成具有针对性的设计。在包装陈列中，要通过摆放适合的位置使人达到一种最舒适的浏览状态。在包装的人性化设计过程中，主要考虑包装设计的形式要素、结构造型、功能拓展三个方面（图8-4）。

图8-4　狗粮包装，既便于携带又便于喂食

（1）包装形式要素中体现的人性化

通过包装形式要素的变化来引发人的情感共鸣，体现出对人的尊重。无论哪种设计，欲想突出其产品内涵，都需设计的形式要素来完成其最终的呈现，而包装设计中的人性化也要在表象的形式要素中着手，以此来实现包装的人性化设计。

（2）包装结构造型中体现的人性化

包装设计中的结构造型，也就是包装的盒身形态或瓶形等包裹的形态。它是整个包装设计中最为吸引人的一个亮点，是将包装的内容得以具体化、实际化的一个过程。在现代购物消费中，我们很难不被一个造型惊奇的包装设计而吸引。包装的形态造型承载着色彩，而搭配适当的色彩又极其容易激发人的购买欲（图8-5）。

（3）包装功能拓展中体现的人性化

通过对包装的功能不断拓展开发可以体现出对人的关怀，使人倍感亲切。包装功能被一再拓宽，功能的利民性对于一个成功的包装设计是至关重要的，可以提高人们的生活品质，满足人们的新要求、新期待（图8-6）。

在现代包装中，除了体现对产品的保护外，也体现出对人的保护，如面对在使用或开启产品包装时可能危害到人体健康的包装中，都有尽可能防止出现意外的特性，即便出现意外也考虑了最快最有效的补救紧急措施等。此外，包装设计还要考虑不同消费者的使用需求，欧洲有个专门针对不同消费者开启食物包装时，所用力度不同的研究，对老、中、青不同年龄的消费群体而言是非常受用的，以及关于包装的无障碍设计等，都体现了包装设计的人性化趋势，设计师只有用心去关注人、关注人性，才能以以人为本为要求的设计去打动人。

图8-5　通过仿生设计的方法所设计的包装盒，既体现了该品牌纯天然的品牌特点，又与产品造型吻合

图8-6　牛奶的新款包装，将吸管改为瓶盖，这样便于消费者不定时饮用，不必一次一饮而尽

3. 包装设计的个性化需求趋势

在现代经济高速发展的今天，消费者的基础物质需求得以满足，消费观念进一步升级。过去，大部分消费者会追求商品的性价比；如今，则更看重价值与体验。此外，随着消费者审美水平和文化修养的提高，人们需要个性化的呈现，消费者在购买商品的同时，注重个人情趣和爱好，追求时尚和展现个性的心理左右着他们对产品的选择，消费者的需求呈多样化。单调的设计风格难以维系不同层次的商品需求，包装设计也因消费者观念的升级而升级，由共性向个性转化，个性化设计就成为设计师关注的趋势之一（图8-7）。

图8-7　可口可乐100周年玻璃瓶纪念版（日本版）

针对儿童物品的包装，有些在使用完毕后，可以积攒包装盒，将积攒的包装盒相互组合拼贴，既增强趣味性，又培养了儿童的动手能力。根据不同消费群体的需求给包装设计定向，这种个性化的取向暗示着人对共性需求的满足不再是设计的核心，个人或小团体的需求已成为设计师主要考虑的因素之一。共性设计逐渐淡化，个性设计被重视，这也恰好迎合现在的消费趋势。

4. 包装设计的新媒体互动趋势

采用无线通信网、卫星、数字技术，通过计算机网络，以及电脑、手机、数字电视机等终端，给用户提供信息和服务的传播形式，称为新媒体。从空间来看，新媒体所对应的是传统媒体，它以数字压缩和无线网络技术为支撑，借助大容量、交互性、实时性的全球性媒体，最终实现地理界限的跨越。

随着科学技术的不断发展，新媒体作为全新的传播形式，具有迅捷、及时、价廉、交互性好、传播面广的特点，不仅带动大众文化娱乐生活，也为现代流行文化传播提供良好的条件。同时，新媒体推动了多元化视觉观念的发展，打破了传统设计门类的界限，导致视觉设计的传播方式也发生了突破性的转变。从单一静态或动态传播模式转向动静相宜的整合视觉传播模式，从传统的线性传播方式向交互性设计飞跃。因此，包装设计不仅考虑商品包装视觉的平面设计，还关注包装展示设计的总体效果。包装设计打破传统包装以印刷作为唯一媒体的局限，充分利用多媒体传达信息的协同作用，来适应多元文化下大众的审美新趋势。将商品包装设计的设计主题、基本风格和表现形式与多媒体展示平台相结合。通过包装影像图片、灯光、音响等多种媒介将视觉信息、听觉信息和触觉信息等多种信息形态综合在一起，形成视听结合、传受结合的传播形式，以增加包装平面设计、展示设计的可看性和大众的参与性，与大众进行交流和对话，真正产生互动。

5. 包装设计的核心化设计趋势

核心化设计理念受到包豪斯的影响，提倡“少即是多”的美学概念。这样的设计理念反映到包装设计中，不是简单的空无一物，而是将包装从设计到生产制作的各个环节进行了细致化的艺术表达，并对细节和包装结构提出了更加严格的要求与限制；在功能方面旨在抛弃那些对于包装来说可有可无的鸡肋设计，保留其中最有价值、消费者最需要的核心功能；在艺术设计审美方面，核心化设计的简约设计风格与中国传统空间留白的意境美感有异曲同工之妙。

这种简约风格作为一种艺术表现手法，在中国绘画、诗词、音乐等领域中被广泛应用。中国画中向来重视空白的运用，传统美学有“形得之于形外”和“计白当黑”之说。国画中常用一些空白来体现物体间的距离和空间关系，也能够表现自然风貌中的云雾，江河湖海等景象，这种表现方式含蓄且强烈，在描绘实物形态之外，给人以无限的遐想空间，大幅提升审美品位。从构成布局的范畴内来讲，这种简约形式通过留白可以协调画面构图，缓解画面压抑感，拓展浏览者的联想空间，强调设计核心，是设计过程中以退为进的设计手段。出色的艺术和设计者往往都善于驾驭简约美感，以无胜有的留白艺术，具有很高的审美价值，方寸之地可显天地之宽，正所谓“此处无声胜有声”。

无印良品的产品包装重视“适与切”的重要性。从各个角度审视，由商品开发入手，不断反思“这是否是多余的”“是否太过了”，由“适与切”为出发原点进行商品开发思考。从物品的生产、运送、使用到丢弃与回收，再次思考材料与素材运用是否完全，物品的大小、重量、包装、数量是否合宜，在生产和运输过程中是否产生浪费，彻底审视自身的设计是否达到合理的平衡。

当下社会，人们的生活节奏加快，在生活压力巨大的现实状况下，无论是核心化设计的简约化理念还是东方“空”的哲学概念，都可以使人们保持片刻的空白与解压。无印良品的设计师原研哉将其解读为“基于实用性和资源最大化的概念”主要体现在细节与内容的高精度把握和简单流畅的形式表达（图8-8）。

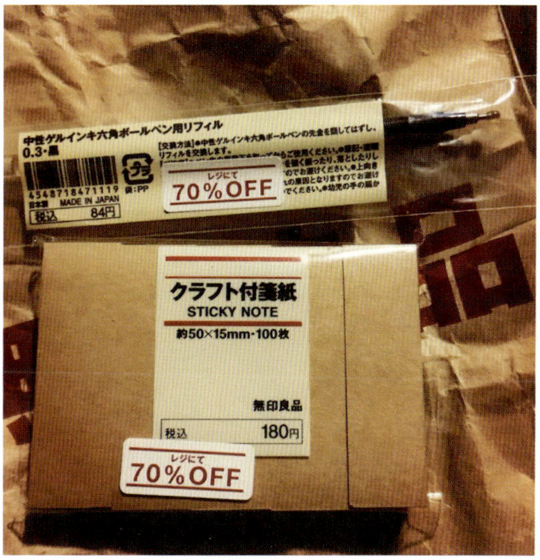

图8-8 无印良品产品的包装设计

6. 包装设计的信息互联趋势

在商业环境中，信息数据的商业价值是不可估量的。一方面，通过信息数据的获取及分析，企业可以对数量庞大的消费者进行精准营销。另一方面，针对实行小规模高质量的小众精品模式的品牌企业，信息数据可以成为制订企业产品营销策略的依据。

互联网销售平台，可以将其看作一个数据化的商业行为集成体。对于商家而言，每个借助互联网所销售出去的商品，其详细信息都会被互联网的数据库记录，通过这种记录数据，商家可以轻松得到相关产品销售的各项数据，包括销量、消费者特点、销售区域化等。商家还可通过记录在案的各项数据对产品及产品包装进行有效优化和改进，也可以借助所掌握的数据制订下一步更为行之有效的产品营销策略。对于消费者而言，他们可以通过计算机、手机等各种网络设备随时随地获取选定商品的各项信息，在购买前还可以通过网络消费评价、业界口碑、季度销量、售后评价等数据来对产品进行充分的认识和了解。

在传统包装中，企业和商家为了向消费者传达产品及企业的诸多信息而增添过多笔墨于产品包装之上，使得包装信息繁杂，难以表述清楚，导致附着在包装上的信息严重影响了包装的设计美感。这一切都是产品包装设计受限于信息传播渠道的单一性造成的，消费者要了解产品的详细信息，必须要与产品包装正面接触。

信息互联的到来拓宽了信息传播渠道，商家传递信息和受众获取信息可以摆脱时间和空间的限制，无论产品包装与消费者能否“亲密接触”，都不会对信息的传递带来任何约束及障碍。大数据平台的出现，将产品信息更加直接地呈现于页面中，消费者通过页面可以提前了解产品信息，在消费者通过网络页面提前了解产品信息后，可使包装上的信息越来越简单，从而增加了产品包装的设计空间（图8-9）。

互联网对传统实体经济的冲击不可避免，同时也影响着商品包装设计，数据的挖掘与运用在电商包装设计的前期调研中呈现出精准化、高效率、低成本的优势，在包装设计中也能提供全方位的科学指导。信息数据的运用已经不知不觉地渗透到电商产品包装的各个环节，协助解决电商产品包装设计中的诸多问题，促进现代商业包装的发展。

图8-9　三只松鼠包装中，起到美化作用的设计图案占包装画面的三分之二，文字简练，突出品牌信息

第九课　电子商务环境下的包装设计

学时：6学时

要点：了解当下包装市场环境在互联网时代所面临的问题和发生的变化；探讨在电子信息时代，市场对包装的新要求。

我国消费市场对产品包装的需求量较大，包装作为产品与消费者之间的重要媒介，其设计的科技含量也与日俱增，包装行业已成为我国国民经济中的重要产业。虽然包装行业发展迅速，但依然存在诸多问题。

1. 电商包装的特点

由于电子商务营销模式的特殊性，传统的产品包装在电商平台的适应性不强，人们对包装的要求更加严格，包装的功能需求也日渐丰富，而电商包装与传统包装的差异性也较大。

（1）包装流通前台化

电子商务营销模式流通环节的精简，使得电商产品的运输包装不需要在各级之间运输，消费者和企业厂家之间可以通过网络平台直接进行对话。因此，商品的运输包装不再处于完成保护、计量、储运等功能的大批量集中物流的“后台”，而是变得前台化。

在电子商务环境下，由于消费者和商品厂家之间的距离非常短，各种食品通常是从购买开始就进行单件的流通，运输包装最终也是以快递的形式直接送至消费者手中。这就使得电商产品的运输包装既要提供传统的保护、储运等功能，又直面消费者，成为“消费体验”的重要一环，因此运输包装的合理化和人性化常常是建立该商品良好口碑的有效途径。

（2）流通环境复杂化

电商包装直面消费者，流通路径较为分散，不容易形成一个批量、集中的流通过程，也很难制订出固定的管理模式。且电商包装的体积和数量存在差异，堆放比较杂乱，使得包装在流通过程中受到撞击的可能性增大，从而造成运输上的困难。由此可见，电商包装的流通环境非常复杂，且任何环节的失误都可能对电商产品的安全造成威胁（图9-1）。

图9-1　具有品牌意识的京东物流包装

（3）包装功能的偏移

消费者在超市等实体店购买食品时，主要通过包装来了解这一食品，根据包装带给他们的直观感受进行选择。传统食品包装非常注重外观设计，充分考虑了包装的美观性和独特性，进而激起消费者共鸣，提升“货架竞争力”。而在电商平台，食品的推广主要来自网页上对该食品的文字、图片、动静态广告介绍以及用户评价等方面，包装上的信息量可以适当缩减。此外，电商包装是一种“售后包装”，消费者在确认购买并进行付款后，才能接触到实体的包装，因此，电商包装的功能重心无须再放在货架竞争上，包装也不再是影响消费者购买决策的主要信息来源。相比传统的食品包装，电子商务环境下的食品包装更加注重流通和运输过程中的安全性，销售功能有所削弱（图9-2）。

图9-2　电商食品外卖包装

(4)包装重复利用率低

电子商务购物模式发展迅猛，各个网络平台每天都会完成数以万计的商品订单，并在电商包装的保护下进行流通，然而这些包装大多数都在使用后就被随意丢弃，没有进行二次利用。另外，电商包装垃圾的随意丢弃，不仅对环境造成污染，产生大量城市垃圾，而且在一定程度上增加了包装成本，给社会和企业带来压力（图9-3、图9-4）。

图9-3 用于快递物流的集散货仓

图9-4 快递包装现状

2. 电子商务环境下产品包装的设计要点

(1)保持包装价格优势

电商包装在设计之初，就应考虑包装的成本问题，在制作过程中，应从多个方面着手控制包装的成本，并对包装的加工技术进行优化。包装原材料的选择和采购是控制成本的一种有效途径。首先，要能保障该产品安全的各种包装材料，并对这些材料进行价格比对，选择合适价位的材料，同时考虑采购原材料时所涉及的一切费用，例如，运输费用、人工搬卸费用等。而在包装的结构和外观造型设计上，要清楚地认识到具有一定标准规范的包装具有更好的通用性，可以减少制作工序，且这样的包装能更好地适配空间，从而降低运输和储存的成本。此外，还需不断优化产品包装的加工技术，探索更加科学合理的制作方式，降低包装的生产难度，减缓制作压力，节省包装制作周期，提高工作效率，进而减少包装的加工制作成本，以此来控制包装总成本。

电商包装的重复利用也是控制包装总成本的重要途径。包装的回收利用有两种方式：一是将废弃物进行加工，制作成新的材料和产品；二是保留该产品包装的原有属性，经过简单处理后即可进行循环使用。相比之下，循环包装的加工工序更简单，投入的人力物力也较小，且更加环保，对企业自身经济效益及生态环境的保护都有着深刻意义。要使包装能够重复利用，首先要重视包装的结构设计，增加包装抗压强度，保障包装在运输、储存和使用过程中不容易受到损坏，从而降低系统性消耗，实现重复使用的目的。其次便捷巧妙的包装开启方式是避免消费者在使用时暴力拆解而造成包装损坏的又一种途径。同时，还要注重包装的可复原设计。很多食品包装的开启方式都是一次性、破坏性的，拆开后不可还原，这就给包装的重复使用造成了不利影响。最后是油墨的选择，尽量选择在废弃物处理时更容易脱离的油墨。

(2)提升包装保护、塑造安全感

任何产品包装在设计时，必须将产品的保护功能放在首位。在电子商务环境下，由于消费者无法亲自感知产品包装的安全性，产生的顾虑比在实体店购买时更多。尤其是对食品类快递包装的安全性要求更高，希望包装能从更多方面凸显其安全性能。

电商包装始终面向的是消费者，只有满足消费者安全需求的包装才能更好地给他们带来安全感。因此，电商包装设计需要注重其设计的心理功能，即包装在何种程度上作用于人的感官体验，从而产生相应的心理影响。在电商包装设计中，可以通过触发消费者感性认知的各种设计因素来提升消费者的安全感。在电商平台，消费者主要通过视觉来获取食品的相关信息，合理的视觉设计可以给予消费者更多的安全感，并对包装的安全感语义传达产生积极的影响。

电商包装视觉安全语言的传达不仅包括色彩、图形、文字、符号和版式等，还包括包装的材料，不同材料的肌理会通过视觉感知给消费者带来不同的安全感体验。例如，从安全性能上分析，同样是酒类包装，在电商平台上，金属材质的包装就比玻璃材质更能让消费者放心。这是由于玻璃材质的易碎性会给内部液体的安全造成威胁，导致消费者产生不安的情绪；而金属材质的综合防护性能较高，不仅阻隔性强，还耐摔耐碰撞，更加适合电子商务购物模式中复杂的流通环境。

(3)符合现代物流环境

电商平台的出现扩展了商品的流通范围，从卖场到消费者的流通扩展为各城市、各国家之间的长距离流通。商品由于快递、物流的灵活性使得流通时间相对较短，且常常因为流通过程中的各种不可控因素而发生意外。因此，物流配送环节对电商产品安全的影响较大，其包装设计需要与物流环境进行适配，以保证商品在流通过程中的安全。

符合现代物流环境的电商包装设计主要集中在包装的结构以及包装的材料和技术。规范的结构既能节省运输空间，也能避免包装在运输过程中发生磕碰，更能有效地对电商产品进行保护。此外，包装新材料不断出现，加工技术也在不断进步，为电商包装设计的创新提供了物质基础（图9-5）。

图9-5　智慧物流运用智能分拣中心系统使整个分拣流程更为简捷，提高分拣效率

（4）加强与移动设备的衔接

互联网对人类生产及生活产生了历史性的影响，而移动互联网影响范围的广度和深度空前巨大。如今，移动终端设备已成为人们日常生活中的必需品，相比计算机而言，这些移动终端设备更加便捷、迅速，消费者可以在任何时间、任何地点使用移动终端设备进行网络购物。在电子商务环境下，移动端的销售额占比每年都保持着上升趋势，增长速度非常迅猛。显然，在移动端进行网络购物已成为主流。

现代信息技术的介入，使得电商包装设计在信息传达与品牌宣传上更加依托消费者随身携带的手机等移动设备，效果也更加显著，且有效地促进了电商品牌与消费者之间的亲密互动。需要注意的是，这里提到的移动设备不仅包括手机、平板电脑等常见设备，还包括其他手持式设备、可穿戴式设备、徽章式设备、射频标签以及植入装置等新型设备。将这些移动设备与互联网信息技术相结合，再运用于电商包装中，不仅能给包装的使用提供便利，还能更好地传达包装上的各种图文信息，同时也起到了品牌的宣传和推广作用，增强与消费者之间的互动与交流。

（5）电商包装的特供定制

为电商产品设计专属包装并不是绝对的整齐划一，从理性的角度来看未来的包装设计，其设计理念必然是让产品本身的设计品质回归到主体核心位置，产品本身的设计也成为产品开发和销售的重点。传统销售模式以包装取胜的产品开发及销售环节发生了转变，包装设计所节省的各项成本将会转移到产品本身的设计及开发之上。由于电子商务的物流特点，包装运输及储存的功能可能将被单独放大，但电商产品包装设计美观因素的弱化并不代表个性化包装设计将丧失市场空间。以设计美感为主要内容的包装在高档以及定制类品牌产品中仍有很大的发挥空间，因此不可忽视“定制思维”的重要性。美化作为设计环节中的进步因素，在特定的产品中依然被需要，即便是同一个产品，其所处的不同环境或者面对的不同消费者都需要不同的具有针对性的包装来美化产品形象，以私人定制的方式做到“千人千面”。

在未来时代，大众创业、万众创新将促进中国经济的发展，带动中小企业以及以中小企业为主导的互联网包装平台，将为众多商家及客户提供更为灵活、便捷、优质、满足个性化定制的包装服务（图9-6）。

图9-6　具有文旅特色的定制包装设计（高彦彬　唐若铮）

参考文献

[1] 曾敏，杨启春. 包装设计[M]. 重庆：重庆大学出版社，2014.

[2] 刘丽华. 包装设计[M]. 北京：中国青年出版社，2009.

[3] 谭曼玲. 包装概论[M]. 合肥：合肥工业大学出版社，2004.

[4] 李立新. 设计概论[M]. 重庆：重庆大学出版社，2004.

[5] 张新昌. 包装概论[M]. 2版. 北京：文化发展出版社，2015.

[6] 喻湘龙，陆红阳. 现代设计元素·肌理设计[M]. 南宁：广西美术出版社，2006.

[7] 高源，张桂刚. 基于大数据的网络营销对策研究[J]. 湖北经济学院学报：人文社会科学版，2014，11（2）：66-68.

[8] 秦杨，黄俊，金保华. 包装设计[M]. 西安：西安交通大学出版社，2015.

[9] 魏洁. 创意包装设计[M]. 上海：上海人民美术出版社，2014.

[10] 李宏民. 论“绿色包装制度”[J]. 中国包装，2009，29（1）：19-23.

[11] 林琳，万萱. 浅谈包装设计中的材料语言[J]. 艺术教育，2009（3）：30.